职业教育“十四五”规划烹饪专业系列教材

蛋糕饼干制作

主　编　杨雅婷　郭刚秋

中国财富出版社有限公司

图书在版编目（CIP）数据

蛋糕饼干制作 / 杨雅婷，郭刚秋主编 .— 北京：中国财富出版社有限公司，2022.12
（职业教育“十四五”规划烹饪专业系列教材）
ISBN 978-7-5047-7761-4

Ⅰ.①蛋…　Ⅱ.①杨…②郭…　Ⅲ.①烘焙—糕点加工—中等专业学校—教材
Ⅳ.① TS213.2

中国国家版本馆 CIP 数据核字（2023）第 003364 号

策划编辑 谷秀莉　　**责任编辑** 田　超　刘康格　　**版权编辑** 李　洋
责任印制 梁　凡　　**责任校对** 孙丽丽　　**责任发行** 杨　江

出版发行 中国财富出版社有限公司
社　　址 北京市丰台区南四环西路 188 号 5 区 20 楼　　**邮政编码** 100070
电　　话 010-52227588 转 2098（发行部）　　010-52227588 转 321（总编室）
010-52227566（24 小时读者服务）　　010-52227588 转 305（质检部）
网　　址 http：//www.cfpress.com.cn　　**排　　版** 宝蕾元
经　　销 新华书店　　**印　　刷** 北京九州迅驰传媒文化有限公司
书　　号 ISBN 978-7-5047-7761-4/TS・0125
开　　本 787mm×1092mm　1/16　　**版　　次** 2024 年 6 月第 1 版
印　　张 8.5　　**印　　次** 2024 年 6 月第 1 次印刷
字　　数 118 千字　　**定　　价** 39.00 元

本书编委名单

主　　编：杨雅婷　郭刚秋

副 主 编：覃思捷　周济扬　陈宇超　孙　伟

参　　编：钟桂英　梁　莹　廖　宁　张小燕　甘宏波
梁红卫　黎子宁　廖　明　陈识芳　冯宇翔
陈子汉　苏　海　黄永伟　黄志君　罗春梅
韦忠柏

前　言

西式面点，简称西点，主要指来源于欧美地区的点心，如蛋糕、饼干等。如今，人们的日常生活离不开西点，如生日常吃生日蛋糕、早餐常吃面包等。西点在我国有着广阔的市场，消费人群众多，因此西点行业的发展空间和潜力都很大。西点人才市场需求量的急剧扩大，给西点师这一职业带来了良好的发展空间。编者基于时代背景，结合多年的教学经验，迎合大众对西点的需求，编写了本书，旨在为中职学校烘焙专业学生和社会上的烘焙爱好者提供参考，以便相关人士快速掌握常见西点的制作方法。

本书模块一主要介绍了西点原料、西点制作工具和西点制作注意事项；模块二和模块三主要介绍了蛋糕和饼干制作相关知识，并设置了制作目的、制作工具、制作原料、制作步骤、成品特点、知识拓展、考核要点及评价、思考讨论等板块。本书主线清晰、结构简明、图文并茂、浅显易懂，能够使读者产生对烘焙的兴趣，快速掌握烘焙技法。

编者在编写本书的过程中参考与借鉴了相关书籍与网络资料，在此谨向相关作者表示诚挚的谢意。

由于编者水平有限，加之时间仓促，本书难免存在不足，敬请广大读者批评指正。

编者

2024年5月

电子书

目 录

模块一

基础知识

项目一　绪　论

西式面点，简称西点，主要指源自欧美地区的点心。它是以面粉、糖、油脂、鸡蛋和乳品为主要原料，辅以干果、鲜果和调味料，经调制、成型、成熟、装饰等工艺制成的，具有一定色、香、味、形的食品。西点具有用料讲究、配料科学、配方精准、口味清香、咸甜适口、品种多样的特点。

西点源于欧美地区，但因国家或民族的不同，其制作方法多种多样。即使是同一种西点，不同的国家或民族也会有不同的制作方法。制作西点，首先要全面了解西点原料和制作工具。

一、西点原料

西点常用的原料有以下几种：高筋面粉、中筋面粉、低筋面粉、泡打粉、玉米淀粉、塔塔粉、乳化剂、吉利丁、白砂糖、黄油、牛奶、香草粉、起酥油、动物奶油和植物奶油、乳酪、水果果酱等。常用烘焙原料介绍见表 1–1。

表 1–1　常用烘焙原料

序　号	名　称	说　明
1	高筋面粉	蛋白质含量 12.5% 以上，多用于制作松饼（千层酥）和奶油空心饼（泡芙）
2	中筋面粉	蛋白质含量 9%~12%，可用于制作蛋挞皮和派皮等
3	低筋面粉	蛋白质含量 7%~9%，筋度略低，适合做蛋糕坯
4	全麦面粉	小麦粉中包含其外层的麸皮，使其内胚乳和麸皮的比例与原料小麦成分相同，用来制作全麦面包和小西饼等

续表

序　号	名　称	说　明
5	黑麦面粉	由黑麦磨制而成，其蛋白质成分与小麦不同，不含面筋，多与高筋面粉混合使用
6	燕麦片	烘焙中常用来制作杂粮面包等
7	玉米面	呈小细粒状，由玉米研磨而成，多用于制作玉米面包等
8	玉米淀粉	从玉米粒中提炼出来的淀粉，具有凝胶作用，多用于制作派馅的胶冻原料或奶油布丁馅，还可加在蛋糕的配方中以适当降低面粉筋度等
9	塔塔粉	主要帮助打发蛋白，用作蛋白稳定剂
10	乳化剂	又称蛋糕油，用来增加海绵蛋糕的泡沫稳定性，使蛋糕质地绵密
11	吉利丁	又称食用明胶，是从动物骨头等中提炼出来的胶质，主要成分为蛋白质
12	动物奶油	由新鲜牛奶提炼而成，也叫淡奶油
13	植物奶油	又称人造奶油，是将植物油部分氢化以后加入人工香料，模仿淡奶油味道制成的淡奶油代替品，呈固体状
14	猪油	从猪肉中提炼出来，可用于面包、派等各种中西式点心制作
15	液体油	常使用的液体油有色拉油等，色拉油广泛应用于戚风蛋糕、海绵蛋糕制作
16	乳化油脂	在制作蛋糕时可使水和油混合均匀而不分离，主要用于制作高成分奶油蛋糕和奶油霜饰
17	起酥油	种类较多，可使制品分层、膨胀等
18	乳酪	也称奶酪、芝士等，含水量较高，适合做芝士蛋糕等
19	粗砂糖	颗粒较粗，可用于制作面包和西饼
20	细砂糖	西点制作中常用的一种糖

续表

序　号	名　称	说　明
21	糖粉	用于在西点成品上做表面装饰
22	红糖	在西点制作中多用于颜色较深或香味较浓的产品
23	蜂蜜	主要用于蛋糕或小西饼制作，起增加风味和色泽的作用
24	转化糖浆	砂糖、水、蔗糖酶在一定条件下反应或加酸煮至一定的时间和合适温度冷却后即成，可长时间保存而不结晶
25	葡萄糖浆	含有少量麦芽糖和糊精，可用于某些西饼制作
26	麦芽糖浆	内含麦芽糖和少部分糊精及葡萄糖
27	焦糖	用于增香或代替色素使用
28	翻糖	由多种材料制成，用于蛋糕等西点的表面装饰
29	牛奶	蛋白质含量在3%左右、水分含量在88%左右，多用于西点中挞类产品
30	炼奶	加糖浓缩奶，又称炼乳
31	全脂奶粉	鲜奶脱水后的产物，脂肪含量在26%～28%
32	脱脂奶粉	可取代奶，使用时通常以10%的脱脂奶粉加90%的清水混合
33	鲜酵母	一种使面团发酵的膨大剂
34	即发干酵母	由鲜酵母脱水而成，呈颗粒状的干性酵母
35	小苏打	常用于酸性较重的甜品
36	泡打粉	又名发酵粉，广泛用于各式蛋糕、西饼制作
37	柠檬酸	酸性盐，煮转化糖浆用
38	蛋粉	脱水粉状固体，有蛋白粉、蛋黄粉和全蛋粉3种
39	可可粉	有高脂、中脂、低脂和经碱处理、未经碱处理等数种，是制作巧克力蛋糕等西点的常用原料

续表

序　号	名　称	说　明
40	巧克力	有甜巧克力和苦巧克力、硬质巧克力和软质巧克力之分。常用于装饰烘焙产品
41	椰肉制品	有长条状、细丝状、粉状等数种，是制作椰子风味甜品的常用原料
42	杏仁膏	由杏仁和其他核果配成的膏状原料，常用于装饰烘焙产品
43	琼脂	一种胶冻原料，胶性较强，可溶于热水
44	香精	有油质、水质、粉状等区别，浓度和用量均不一样，使用前需查看说明

除了一些基本原料外，还有肉桂粉、香味甜酒等，目的是增加西点的口感和香味。

二、西点制作工具

常用西点制作工具见表1–2。

表 1–2　常用西点制作工具

序　号	西点制作工具	说　明
1	辅助设备	具体包括工作台、洗涤槽、冷藏（冻）箱（柜）、展示柜、烤盘车等
2	面团调制设备	具体包括和面机（双动和卧式）、多功能搅拌机、台式小型搅拌机（鲜奶机）等
3	成型设备	具体包括面团分割机、起酥机、面包整形机等
4	醒发箱	用于面包类食品烘烤前的发酵
5	烤箱	分单层式、双层式、三层式烤箱
6	面包切片机	快速分切烘焙食品，效率高

续表

序 号	西点制作工具		说 明
7	其余常用工具	量具	电子秤、量杯、量勺、温度计、糖度计、量尺等
		制作用具	筛子、擀面杖、打蛋器、木勺、刷子等
		刀具	锯齿刀、抹刀、刮刀、滚刀、铲刀等
		熟制模具	吐司模、蛋糕模、派模、比萨盘等
		辅助用具	转台、散热网、蛋糕倒立架、耐热手套等

三、西点制作注意事项

（一）准确称量

在西点制作中，准确称量非常重要，这将影响成品色泽与口感。常备的称量工具有量杯、量勺及可精确到0.1克的电子秤。称量粉类时，如果遇到粉类结块的情况，应先将粉末弄散再盛取。

（二）材料混合

无论混合什么样的食品材料，都必须分次加入。例如，将面粉与奶油混合时，要先将一半的面粉倒入，用工具将奶油与这一半面粉由下而上地混合搅拌均匀后，再将另一半的面粉加入并拌匀；打发奶油或蛋清时，糖要分2~3次加入。

（三）打发蛋清

打发蛋清要选用干净的容器，容器既不能沾油，也不能有水，蛋黄和蛋清要彻底分离干净，蛋清里面不能混有蛋黄，否则可能导致蛋清无法打发。推荐使用打蛋器来进行这一操作。

（四）打发奶油

冰冻的奶油是无法用来制作任何西点的，所以在使用前，应先将奶油解冻。解冻好的奶油经软化处理就可以使用了。奶油融化成液态无法打发时，可以加糖进行混合后打发。如果要在奶油中加入蛋液或果汁等液体，必须一点点地加入，否则会导致奶油没有办法吸收果汁等液体，呈现奶油与果汁等液体分离的状态。

（五）掌控烘烤温度与时间

在烘烤制品前要先将烤箱预热到所需温度。根据需要烘烤的食品种类确定温度，如面包烘烤温度一般为190℃～230℃，此外，还要控制好烘烤时间，烘烤时间应根据制品的类型、大小、厚薄等因素确定。

模块二

蛋糕制作

蛋糕是以鸡蛋、白糖、小麦粉等为主要原料，以牛奶、果汁、奶粉、香精、色拉油、水、起酥油、泡打粉等为辅料，经搅拌、调制、烘烤等工艺制成的一种点心。蛋糕通常是甜的，典型的蛋糕是以烤的方式制作而成的。

本模块分为3个项目、14个任务，主要介绍重油蛋糕（玛芬蛋糕、黄油蛋糕、红糖枣泥蛋糕）、海绵蛋糕（海绵蛋糕坯、海绵杯子蛋糕、彩绘蛋糕）、戚风蛋糕（戚风蛋糕坯、瑞士蛋糕卷、红丝绒蛋糕卷、肉松小贝、虎皮蛋糕、古早蛋糕、轻芝士蛋糕、重芝士蛋糕）制作相关知识。通过学习本模块，可以了解蛋糕相关知识，掌握常见蛋糕的制作方法，能够对制作成品进行评价。

项目二　重油蛋糕制作

一、简介

重油蛋糕（见图2–1）是利用油脂润滑面糊，并在搅拌过程中使油脂充入大量的空气而产生膨大作用的一类油润松软点心，其配方中除了鸡蛋、糖和小麦粉外，还有较多的油脂等。重油蛋糕的甜度比一般蛋糕高很多，比较适合喜欢高甜口味的人。重油蛋糕因为使用黄油打发，所以油脂比较大，质地厚重，适合用来做翻糖蛋糕、杯子蛋糕或造型比较立体的鲜奶油蛋糕。代表种类有玛芬蛋糕、黄

图2–1　重油蛋糕

油蛋糕、红糖枣泥蛋糕等。

二、外观与口感

重油蛋糕由固体奶油制作而成，经过搅拌后形成松软的组织，其内部结构为紧密的海绵状，内里色泽呈蛋黄色，有一定的光泽与弹性。

重油蛋糕口感油润松软，质地滋润，带有油脂特别是奶油的香味，口感浓香而有回味，软而鲜，有弹性，不黏牙。

三、制作原理

重油蛋糕使用了较多的油脂，这使得在打糊过程中油脂拌入大量空气，产生膨大作用。油脂的充气性和起酥性是形成蛋糕组织和口感的重要原因。在一定条件下，油脂越多，蛋糕口感越好。

1. 油脂的打发

油脂的打发即油脂的充气膨胀。在搅拌作用下，空气进入油脂形成气泡，使油脂膨胀、体积增大。油脂越膨胀，蛋糕质地越疏松，但膨胀过度会影响蛋糕成型。油脂的打发膨胀与油脂的充气性有关。此外，细砂糖有助于保持油脂打发后的膨胀和稳定状态。

2. 油脂与蛋液的乳化

当蛋液加入打发的油脂中时，蛋液中的水分与油脂在搅拌下发生乳化作用。乳化作用对重油蛋糕的品质有重要影响，乳化越充分，蛋糕的组织越细密，口感越好。重油蛋糕乳化工序容易发生因乳化不好而导致的油、水分离的现象，此时浆料呈蛋花状，原因有以下三点：

（1）所用油脂的乳化性差。

（2）浆料温度过高或过低（最佳温度约为21℃）。

（3）蛋液加得太快，每次加入时未充分搅拌均匀。

为了改善油脂的乳化性，在加蛋液的同时可加入适量的乳化剂（约

为面粉量的3%~5%），这样可使油和水形成稳定的液体，蛋糕质地更加细腻，并能防止蛋糕老化，延长其保鲜期。

四、制作注意事项

1. 原料与配方

重油蛋糕用料有油脂、鸡蛋、面粉、糖等，其中油脂是制作重油蛋糕的重要原料之一，因为只有优质的油脂才能在搅拌过程中拌入大量的空气，并使蛋糕质地酥散滋润，口感油润松软。

在普通重油蛋糕中，油脂用量一般为面粉用量的60%~80%；鸡蛋用量一般略高于油脂用量，等于或低于面粉用量；糖的用量与油脂用量接近。油脂用量与鸡蛋用量一般不超过面粉用量，油脂太多会使蛋糕太松散，不成型，而鸡蛋太多则不利于油脂乳化。

在高档重油蛋糕中，面粉、油脂、糖、鸡蛋用量一般相等，产品质地较好；在低档重油蛋糕中，鸡蛋用量和油脂用量较少，使用泡打粉较多，产品质地较粗糙。

2. 烘烤温度和时间

重油蛋糕的油脂用量大，配料中各种干性原料较多，含水量较少，面糊干燥、坚韧，如果烘烤温度高、时间短，会发生内部未熟、外部烤煳的现象。因此，需低温和长时间烘烤，炉温一般在160℃~200℃，时间则在30~40分钟。

任务一　玛芬蛋糕制作

玛芬蛋糕（见图2–2）是西式松饼的一种，是一款很受欢迎的小点心，一般装在小杯子中，所以又被称为杯子蛋糕。

图2-2　玛芬蛋糕

玛芬蛋糕的口感介于蛋糕和面包之间，其用料与面包相似，不需要花时间发酵，做法简单，比较容易上手。制作玛芬蛋糕时可以通过在面糊里添加不同的配料形成不同的口味，常见配料有巧克力、核桃、蔓越莓干等。

一、制作目的

（1）熟悉玛芬蛋糕的制作工具和原料。

（2）掌握玛芬蛋糕制作步骤。

（3）能够对玛芬蛋糕成品进行评价。

二、制作工具

手持搅拌器、软刮、剪刀、纸杯、裱花袋、模具等。

三、制作原料

低筋面粉250克，鸡蛋250克，泡打粉7克，糖粉适量，可可粉10克，奶粉10克，盐1克，大豆油250克，牛奶25克，朗姆酒10克，葡

萄干40克（其中，可可粉是根据口味加入的，不是必需的。如果没有牛奶，可以加水。加牛奶可使蛋糕具有奶香味，加朗姆酒是为了取酒香味）。

四、制作步骤

（1）把鸡蛋、糖粉、盐加入大碗，用顺时针的方式搅拌均匀，把糖搅化，搅拌时注意鸡蛋不能搅出泡，糖粉使用前要过筛，过筛后要立刻使用，防止糖粉结块。

（2）把除大豆油、牛奶、葡萄干外的所有配料全部加入，搅拌均匀，搅拌成光滑细腻的糊状。

（3）分3~4次加入大豆油，分次加入可使面糊充分吸收油脂，每次加入后都要搅拌均匀。

（4）加入牛奶，一次加完，将面糊搅拌均匀。在制作过程中，从始至终均为顺时针搅拌，搅拌至无颗粒、面糊光滑。

（5）将搅拌好的面糊装进裱花袋，装袋时裱花袋口要翻过来，不能沾到面糊。

（6）将高温纸杯整齐地摆放在烤盘上，使其均匀受热，然后将面糊挤注至高温纸杯中，挤到七八分满即可。注意要往纸杯中间挤，不要转圈挤。吸干泡发后的葡萄干的表面水分，装饰蛋糕。

（7）分两次将蛋糕烤熟。第一次采用底火200℃、面火180℃，烤约18分钟，烤至定型，不用出箱；第二次烤时，将底火调成0℃、面火调至180℃，烤至成熟即可。

五、成品特点

外壳略脆，内里绵软，香味浓郁，口感细腻。

烘焙小知识

1. 黄油需要提前软化或隔水化开

黄油必须冷冻保存，而刚从冰箱取出来的黄油质地很硬，不但不容易和其他材料搅拌均匀，而且会因温度过低使油水兼容更为困难，所以在开始制作前应先将黄油处理至合适的状态。软化前，可以先将黄油切成小片，以缩短软化时间（见图2–3）。

图2–3　将黄油切成小片

2. 筛匀粉类材料

过筛（见图2–4）除了可以把粉类材料中的杂质、粗颗粒去掉，让成品质地松软外，还可以把材料调整均匀。这样可以缩短面糊的搅拌时间，避免泡打粉或小苏打粉混合不均匀，造成膨胀不均匀。

3. 不要搅拌过久

搅拌时过分打发，会使有限的膨胀力降低，面糊容易起筋，膨胀更加困难。膨胀不好的蛋糕在烤的时候会呈现收缩的状况，质地会异常紧密，影响口感。

4. 蛋糕糊不要装填过满

蛋糕糊在烤的时候会膨胀，因此装填蛋糕糊时一定要注意高

度，不要装太满（见图2-5），以最多不超过八分满为原则，否则，面糊膨胀会从四周流出来，而不是正常地向上膨胀成圆顶状。这样烤出来的蛋糕不但不好看，还会因为杯中的面糊分量变少，导致烤制时间不好掌握，容易使蛋糕表面过硬。

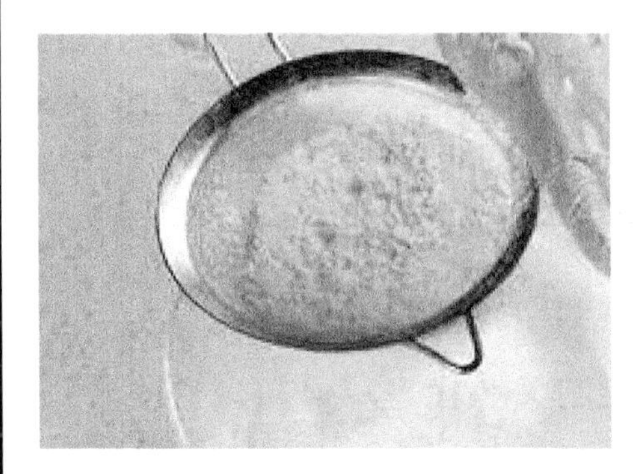

图2-4　过筛

图2-5　蛋糕糊不要装填过满

六、考核要点及评价

玛芬蛋糕制作评价表

类别	序号	评价项目	评价内容及要求	优秀	良好	合格	较差
技术考评	1	质量	熟悉玛芬蛋糕的制作工具和原料				
	2		掌握玛芬蛋糕制作步骤				
	3		能够对玛芬蛋糕成品进行评价				
非技术考评	4	态度	态度端正				
	5	纪律	遵守纪律				
	6	协作	有交流，团队合作				
	7	文明	保持安静，清理场所				

1. 如何掌握玛芬蛋糕的烘烤温度？

2. 玛芬蛋糕的特点是什么？

任务二　黄油蛋糕制作

黄油蛋糕（见图2–6）是重油蛋糕的又一代表。最初蛋糕的原料用量一般为一份鸡蛋加一份砂糖和一份面粉，但这样做出来的蛋糕韧性很大，为了解决这个问题，人们在配方中加入适量黄油，黄油属于柔性原料，用它做出来的蛋糕松软可口，这就是最初的黄油蛋糕。

图2–6　黄油蛋糕

黄油蛋糕组织细腻，制作过程简单，制作要点是将黄油和糖充分混合。选用不同的馅心、表皮，可以做出不同口味、不同花样的黄油蛋糕。

一、制作目的

（1）熟悉黄油蛋糕的制作工具和原料。

（2）掌握黄油蛋糕的制作方法。

（3）学会运用同样的面糊，通过馅心、表皮的变化，制作出不同口味或花样的黄油蛋糕。

二、制作工具

台式多功能搅拌机、裱花嘴、裱花袋、剪刀、勺子、油刷、量杯、模具等。

三、制作原料

低筋面粉250克，鸡蛋250克，黄油250克，白糖160克，盐2克。

四、制作步骤

（1）制作面糊。首先，将黄油、白糖一起放入搅拌缸，先慢速搅打，待白糖和黄油混合均匀后，再高速搅拌至膨胀状态，这时糊状物呈乳黄色。其次，分次加入鸡蛋液，每次使鸡蛋液与黄油混合均匀后再加下一次。最后，将低筋面粉、盐倒入搅拌缸并中速搅拌均匀。

（2）装模。将面糊装入裱花袋，挤入模具，模具装八分满。装模时各模具面糊量要均匀，动作要干净利落。

（3）烘烤成熟。装模完成后放入烤箱烘烤，温度为上火180℃、下火170℃，时间为30~40分钟，烤至表面呈金黄色即可。

五、成品特点

酥香滋润，黄油味浓郁。

不同类型的黄油蛋糕

1.草莓牛奶黄油蛋糕

制作草莓牛奶黄油蛋糕（见图2–7）时，首先要在黄油蛋糕面糊中加入大量炼乳，这样烤出来的蛋糕更湿润且带有一股奶香；其次要加入新鲜的草莓；最后可以用少许草莓利口酒调味，使蛋糕的草莓味更浓郁。

图2–7　草莓牛奶黄油蛋糕

图2–8　干果黄油蛋糕

2.干果黄油蛋糕

干果黄油蛋糕（见图2–8）中除了葡萄干、樱桃干等，还有朗姆酒、柠檬汁等，而且用量相当大，因此这款蛋糕口味十分丰富。蛋糕中加入一些杏仁粉可以增加湿润度，做出的成品香气四溢、酥软可口。此外，为了避免用朗姆酒腌渍过的葡萄干下沉，加入葡萄干前一定要充分吸干表面的水分，这一点非常重要。

3. 大理石黄油蛋糕

制作大理石黄油蛋糕（见图2-9）时，可将黄油蛋糕配方中的面粉平均分为两份，将其中一份中20%的面粉换成可可粉，制作出两种蛋糕糊。装模前，将两种蛋糕糊混合出大理石纹样，放入烤箱烘烤，这样每次做出的蛋糕上的大理石纹各具特色，十分有趣。

图2-9　大理石黄油蛋糕

4. 黄桃红茶黄油蛋糕

黄桃红茶黄油蛋糕（见图2-10）在黄油蛋糕配方中加入了红茶和些许酸甜可口的黄桃，制品有着红茶清香，还酸甜可口，别具风味。

图2-10　黄桃红茶黄油蛋糕

六、考核要点及评价

黄油蛋糕制作评价表

类别	序号	评价项目	评价内容及要求	优秀	良好	合格	较差
技术考评	1	质量	熟悉黄油蛋糕的制作工具和原料				
	2		掌握黄油蛋糕的制作步骤				
	3		能够对黄油蛋糕成品进行评价				
非技术考评	4	态度	态度端正				
	5	纪律	遵守纪律				
	6	协作	有交流，团队合作				
	7	文明	保持安静，清理场所				

1. 制作黄油蛋糕为什么要选用低筋面粉？
2. 在制作黄油蛋糕的过程中，鸡蛋液为什么要分次加入？

任务三 红糖枣泥蛋糕制作

以红枣和红糖等为原料制作的红糖枣泥蛋糕（见图2–11），香甜味美，十分可口。

图2–11 红糖枣泥蛋糕

一、制作目的

（1）熟悉红糖枣泥蛋糕的制作工具和原料。

（2）掌握红糖枣泥蛋糕的制作方法。

二、制作工具

奶锅、软刮、剪刀、手动搅拌器、裱花袋、电磁炉、刀、砧板、高温纸杯（正方形）等。

三、制作原料

低筋面粉387克，鸡蛋375克，泡打粉9克，红糖100克，去核红枣175克，细砂糖225克，盐4克，小苏打6克，白兰地8克，水250克，大豆油325克。

四、制作步骤

（1）制作枣泥。用250克水将去核红枣泡发，把泡发好的红枣切碎；将泡红枣的水、红糖和切碎的红枣倒进锅里，先用大火煮，然后改用中小火煮，直至水分完全蒸发，变为棕色的枣泥。加入白兰地，继续搅拌30秒，枣泥制作完成。

（2）制作面糊。把鸡蛋、细砂糖、盐加入容器并搅拌均匀，然后将泡打粉、小苏打、低筋面粉（提前过筛）加入容器并搅拌至光滑、均匀状态；分3~4次加入大豆油，每次搅拌至面糊充分吸收油脂后再加下一次，继续搅拌均匀，至面糊光滑。

（3）枣泥放凉后加入面糊，搅拌均匀，让枣泥与面糊充分混合。

（4）将加了枣泥的面糊装进裱花袋，将裱花袋剪个小口，然后把面糊均匀地挤入高温纸杯。注意，将面糊往中间位置挤，而不要旋转着挤，高温纸杯装七八分满即可。

（5）将装好面糊的高温纸杯放入烤箱烘烤。先用面火180℃、底火200℃烘烤15分钟左右，使其定型，然后用面火180℃、底火0℃烘烤至完全成熟。

五、成品特点

枣香浓郁，香甜细腻，口感绵软，回味悠长。

红糖枣泥蛋糕小知识

1.混合面糊和枣泥时手法要快

全蛋不易打发，而且在加粉过程中容易消泡，所以在混合面糊和枣泥时手法一定要快（见图2–12）。这期间有部分消泡现象是正常的，不会影响口感和蛋糕成型，但如果消泡很严重、蛋糕体不膨大，则说明鸡蛋液没有打发到位，或者混合面糊和枣泥时手法不正确。

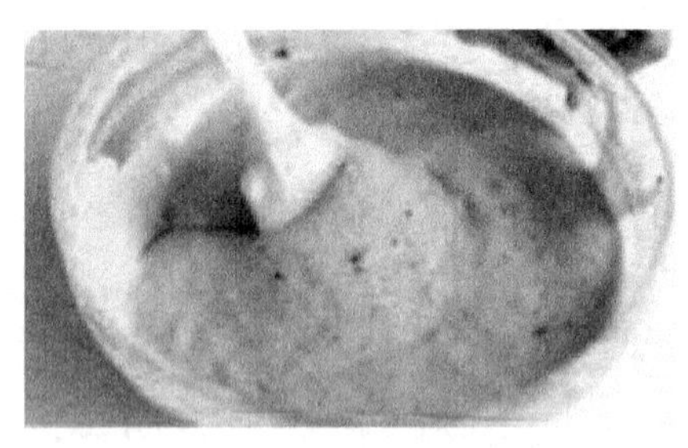

图2–12　混合面糊和枣泥时手法要快

2.确定蛋糕烤熟与否的方法

想要确定蛋糕是否烤熟，可以将一根竹签插入蛋糕中央（见图2–13），如果拔出竹签时上面没有粘着面糊，就表明蛋糕已经烤熟；

如果竹签上面粘有面糊，应继续烘烤2~3分钟后再查看一次。待高热散去后，连同烘焙用纸一起将蛋糕从模具中取出来，在金属网上放凉。

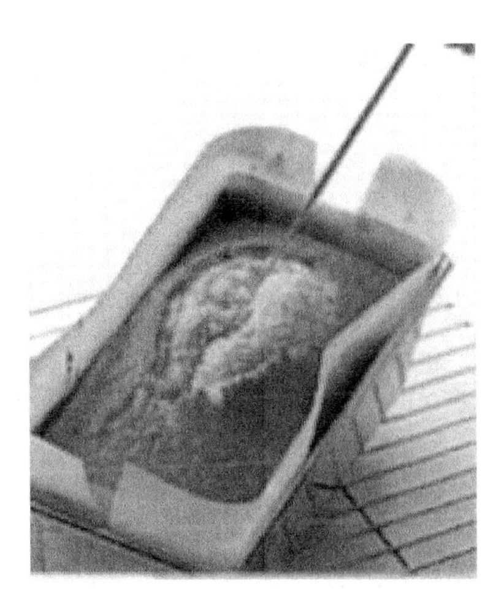

图2-13　将竹签插入蛋糕中央

六、考核要点及评价

红糖枣泥蛋糕制作评价表

类别	序号	评价项目	评价内容及要求	优秀	良好	合格	较差
技术考评	1	质量	熟悉红糖枣泥蛋糕的制作工具和原料				
	2		掌握红糖枣泥蛋糕的制作步骤				
	3		能够对红糖枣泥蛋糕成品进行评价				
非技术考评	4	态度	态度端正				
	5	纪律	遵守纪律				
	6	协作	有交流，团队合作				
	7	文明	保持安静，清理场所				

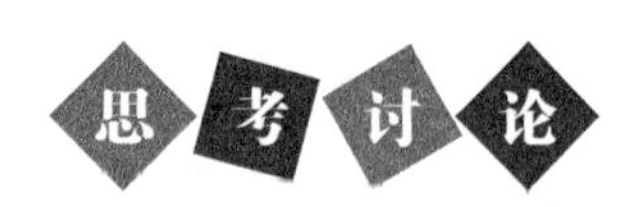

1. 枣泥为什么要放凉后使用？

2. 制作面糊时，为什么要分次加入大豆油？

项目三　海绵蛋糕制作

一、简介

海绵蛋糕（见图3–1）是利用蛋白的起泡性使蛋液中充入大量的空气再加入面粉等经过一定的工艺，烘烤而成的一类点心，其因结构类似多孔的海绵而得名，又被称为清蛋糕。海绵蛋糕奶味浓郁、组织细密、弹性较小、支撑性较好，适合做款式复杂的糕体底坯，如杯子蛋糕坯、彩绘蛋糕坯、生日蛋糕坯等。

图3–1　海绵蛋糕

二、制作原理

鸡蛋液经过高速搅打蛋白中球蛋白的表面张力降低，蛋白黏度增加，这样有助于快速充入空气，形成泡沫。蛋白中的球蛋白和其他蛋白由于

搅打的机械作用轻度变性，变性的蛋白质分子可以凝结成一层皮，形成十分牢固的薄膜，进而将混入的空气包围起来，同时，表面张力的作用使蛋白泡沫收缩，变成球形，再加上蛋白质胶体具有黏度及加入的面粉原料等附着在蛋白泡沫周围，使泡沫变得很稳定，能保持住混入的气体。在加热的过程中，泡沫内的气体受热膨胀，进而使蛋糕成品疏松多孔并具有一定的弹性和韧性。

三、用料与配方

1. 用料

海绵蛋糕的用料有鸡蛋、白糖、面粉及油脂等。其中，新鲜的鸡蛋是海绵蛋糕最重要的制作材料，因为新鲜的鸡蛋液稠度高，充气性好，有利于保持气体性能稳定。制作蛋糕时多选用低筋面粉，低筋面粉粉质更细，筋度更小，但又有足够的筋力来承担烘焙时的张力，为形成蛋糕特有的组织起骨架作用。若只有高筋面粉，则要先对面粉进行处理：取部分面粉上笼蒸熟，取出晾凉，再过筛，至面粉没有疙瘩时再使用；也可以在面粉中加入少许玉米淀粉并拌匀，以降低面团筋性。制作海绵蛋糕多选用蔗糖，以颗粒细小、颜色洁白者为佳，如绵白糖或糖粉。颗粒大者不易化，易导致蛋糕成品质量下降。

2. 配方

海绵蛋糕一般有两种，一种是只用蛋清而不用蛋黄的天使蛋糕，另一种是用全蛋的黄海绵蛋糕，配方各有不同。

天使蛋糕由蛋清、白糖、面粉、油脂按5：3：3：1的比例配合制作而成，因为配方中没有使用蛋黄，所以其起泡性能很好，糕体内部组织比较细腻，色泽洁白，质地柔软。

黄海绵蛋糕传统的配方一般有两种：一种是鸡蛋、糖、面粉的比例为1：1：1；另一种是鸡蛋、糖、面粉的比例为2：1：1。

四、装模

1. 模具选择

蛋糕一般借助模具成型。常用的蛋糕模具一般由不锈钢、铁、铝及耐热玻璃等材料制成，形状有圆形、长方形、花边形、鸡心形、正方形等，边沿可分为高边和低边两种。选用模具时要依据蛋糕的配方、内部组织状况的不同等灵活选择。海绵蛋糕因其组织松软、易于成熟，一般可灵活地依据成品的形状来选择模具。

2. 装模要求

为了使烤好的蛋糕容易脱模，避免蛋糕粘在烤盘或模具上，在面糊装模前必须保持模具清洁，还要在模具四周及底部铺上一层干净的油纸，再在油纸上均匀地涂上一层油脂。如果能在油脂上撒一层面粉，效果更佳。

海绵蛋糕面糊装模量依据打发的膨胀度及鸡蛋、糖、面粉的比例不同而不同，一般以填充模具等的七八分满为宜。在实际操作中，如果烤好的蛋糕刚好充满模具等，不溢出边缘，顶部不凸出，则这时装模面糊量恰到好处。如果装的面糊量太多，烘烤后的蛋糕就会膨胀溢出，影响成品的美观；如果装的面糊量太少，则在烘烤过程中会因水分挥发而降低蛋糕的松软性。

任务一　海绵蛋糕坯制作

海绵蛋糕因结构酷似海绵而得名，其组织细密扎实，能够承受住一定的重量，不易被压塌，常作为蛋糕夹层、糕体底坯使用。海绵蛋糕坯（见图3–2）是烘焙常备材料。

制作海绵蛋糕时可加入适量的植物油等，以增加蛋糕的滋润度，延长保质期。此外，加入各类香精可制成不同风味、类型的海绵蛋糕。

图3-2　海绵蛋糕坯

一、制作目的

（1）熟悉海绵蛋糕坯的制作工具和原料。

（2）掌握海绵蛋糕坯的制作步骤。

（3）能够使用同样的面糊，通过添加不同辅料及变化成型方式，制作出不同类型的海绵蛋糕坯。

二、制作工具

多功能厨师机、长柄软刮、油纸、刮板等。

三、制作原料

低筋面粉250克，泡打粉3克，鸡蛋12个，白糖230克，盐2克，蛋糕油25克，水105克，大豆油75克。

四、制作步骤

（1）预热烤箱，温度为面火180℃、底火160℃。

（2）准备好厨师机，加入鸡蛋、白糖和盐，调到中低速挡进行搅拌，直至把鸡蛋打散、白糖打化（时间大约为2分钟），然后调到高速挡，把上述混合物打发至乳白色或者打发至原来体积的3倍左右。

（3）加入泡打粉、低筋面粉（提前过筛），调到低速挡，搅拌均匀。

（4）加入蛋糕油，调到高速挡进行搅拌，直至用软刮刮开面糊而面糊不会被分开，然后转低速挡并加入大豆油，搅拌均匀后加入清水继续搅拌均匀。

（5）将搅拌好的面糊倒入烤盘，用刮板将面糊刮平整，端起烤盘振几下，将气泡振出。

（6）放入烤箱烘烤约15分钟，视实际情况加减时间，直至烤至金黄色。

五、成品特点

表面呈金黄色，内部呈乳黄色，色泽均匀一致，糕体较轻，组织细密均匀，无大气孔，柔软而有弹性，内无生心，口感不黏不干，轻微湿润，蛋味、甜味相对适中。

不同类型的海绵蛋糕

1. 香橙海绵蛋糕

香橙海绵蛋糕（见图3–3）的制作原料不仅有橙汁，还有橙皮。橙皮既可以增加蛋糕香味又能解腻，但是橙皮不能用白色部分，否则制作出的蛋糕口感会发苦。

图3–3 香橙海绵蛋糕

2.蜂蜜海绵蛋糕

蜂蜜海绵蛋糕（见图3–4）不但柔软有弹性，而且夹杂着淡淡的蜂蜜香气，令人回味无穷。制作时，要分次加入蜂蜜，边加入边搅拌均匀。

图3–4　蜂蜜海绵蛋糕

3.全蛋海绵蛋糕

制作全蛋海绵蛋糕（见图3–5）时，全蛋液打发后加面粉时手法要轻而快，可以用翻拌、切拌的方式混合，翻拌时还要注意应从底部向上翻，不能用刮刀压蛋糊，否则会消泡。

图3–5　全蛋海绵蛋糕

六、考核要点及评价

海绵蛋糕坯制作评价表

类别	序号	评价项目	评价内容及要求	优秀	良好	合格	较差
技术考评	1	质量	熟悉海绵蛋糕坯的制作工具和原料				
	2		掌握海绵蛋糕坯的制作步骤				
	3		能够对海绵蛋糕坯成品进行评价				
非技术考评	4	态度	态度端正				
	5	纪律	遵守纪律				
	6	协作	有交流，团队合作				
	7	文明	保持安静，清理场所				

1. 装模时，为什么只填充至模具的七八分满?

2. 海绵蛋糕与重油蛋糕有何区别?

任务二　海绵杯子蛋糕制作

海绵杯子蛋糕，由鸡蛋、细砂糖、低筋面粉、牛奶等原料烘烤制作而成，口感不黏不干、细腻松软，深受大众喜爱。

一、制作目的

（1）熟悉海绵杯子蛋糕的制作工具和原料。

（2）掌握海绵杯子蛋糕的制作步骤。

二、制作工具

台式多功能搅拌机、软刮、油纸、纸杯等。

三、制作原料

低筋面粉230克，鸡蛋10个，细砂糖150克，蛋糕油33克，牛奶25克，色拉油70克。

四、制作步骤

（1）将鸡蛋、细砂糖倒入搅拌缸，低速搅打至细砂糖溶化；再加入蛋糕油，低速打匀后改为高速，将其充分打发至原体积的3倍左右；加入过筛后的低筋面粉，转为低速，完全打匀。

（2）依次慢慢加入牛奶和色拉油，低速打匀。

（3）取几个纸杯，摆入烤盘，将蛋糕糊倒入其中，至八分满，轻轻振几下。

（4）烤箱预热至180℃，蛋糕生坯入箱烤制，烤制约25分钟，至蛋糕表面鼓起且呈棕黄色即可。

五、成品特点

色泽自然，组织细腻，口感绵软，口味清香。

不同类型的海绵杯子蛋糕

1.胡萝卜海绵杯子蛋糕

胡萝卜海绵杯子蛋糕（见图3-6）不仅有海绵蛋糕细腻柔

软的口感，还有胡萝卜独特的清香。制作胡萝卜海绵杯子蛋糕时，胡萝卜蒸熟后才能使用。

图3-6　胡萝卜海绵杯子蛋糕

2. 紫苏梅海绵杯子蛋糕

用紫苏梅制作的海绵杯子蛋糕（见图3-7），适度的酸味、咸味与甜味交相辉映。制作时，要在加入油脂后再加入紫苏梅，这样会制造出一种绵柔的口感及独特的风味。

3. 浆果海绵杯子蛋糕

浆果海绵杯子蛋糕（见图3-8）被称为“甜点之王”，它将松软的海绵蛋糕与浆果、奶油搭配得“天衣无缝”。

图3-7　紫苏梅海绵杯子蛋糕

图3-8　浆果海绵杯子蛋糕

六、考核要点及评价

海绵杯子蛋糕制作评价表

类别	序号	评价项目	评价内容及要求	优秀	良好	合格	较差
技术考评	1	质量	熟悉海绵杯子蛋糕的制作工具和原料				
	2		掌握海绵杯子蛋糕的制作步骤				
	3		能够对海绵杯子蛋糕成品进行评价				
非技术考评	4	态度	态度端正				
	5	纪律	遵守纪律				
	6	协作	有交流，团队合作				
	7	文明	保持安静，清理场所				

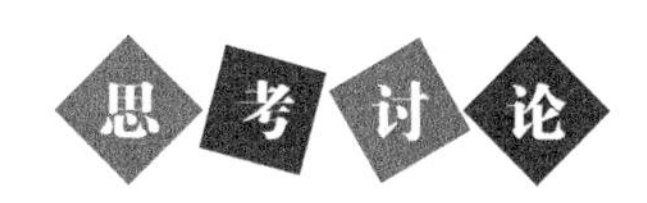

1. 蛋糕油在海绵杯子蛋糕制作过程中有什么作用？

2. 面粉为何要过筛？

任务三　彩绘蛋糕制作

以鲜艳美丽的彩绘图案装饰蛋糕，制作出的蛋糕称为彩绘蛋糕（见图3–9）。彩绘蛋糕既好看又好吃，制作时在烤盘上挤出自己喜欢的图样，再倒入蛋糕面糊，送入烤箱，出炉的瞬间能让人感受到快乐。

图3–9　彩绘蛋糕

一、制作目的

（1）熟悉彩绘蛋糕的制作工具和原料。

（2）掌握彩绘蛋糕的制作步骤。

二、制作工具

油纸、笔、面盆、裱花袋、长柄软刮、剪刀等。

三、制作原料

面糊、色素等。

四、制作步骤

（1）烤箱预热至面火180℃、底火160℃。

（2）选定图案，然后在油纸上画出来。

（3）将画好的油纸铺在烤盘上，另取一张油纸，铺在画好的油纸上面。

（4）根据图案颜色进行调色，用几种颜色就将面糊分为几份（注意，面糊用多少就取多少，避免浪费）。调色的过程中少量、多次添加色素，搅拌均匀即可。

（5）将调好色后的面糊依次装入不同的裱花袋。

（6）剪开裱花袋袋口，用面糊沿图案描边。描的时候面糊既不能太薄，否则脱模的时候会脱落，也不能太厚，否则会影响定型。完成后将画有图案的油纸取出，将面糊放入预热好的烤箱烘烤约2分钟。

（7）取出烤盘，将剩余的面糊均匀地涂抹在烤盘中并刮平，然后放入烤箱烘烤约18分钟。出炉以后，提着油纸将蛋糕从烤盘中取出来，立刻翻转放在烤网上，然后将油纸揭下来，这时便可以看到彩绘图案了。

五、成品特点

外形美观，香味浓郁，口感细腻松软。

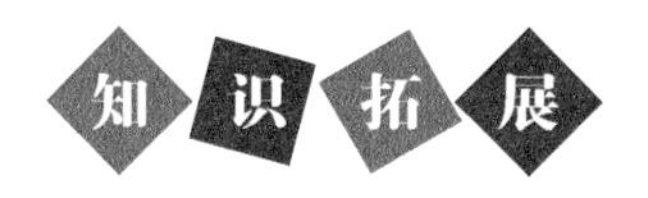

美丽的彩绘蛋糕卷

1.樱桃彩绘蛋糕卷

樱桃彩绘蛋糕卷（见图3−10）外形新颖美观、制作简单，樱桃图案不需要图纸，直接在油纸上挤上红色的圆点即可。

图3−10　樱桃彩绘蛋糕卷

2.小鸡彩绘蛋糕卷

制作小鸡彩绘蛋糕卷（见图3−11）时，把准备好的彩绘图案纸放在烤盘上，垫上透明硅胶垫，用不同颜色的面糊“画”出小鸡图案。需要注意的是，“画”好后要放进冰箱冷藏15分钟，待图案定型后再进行下一步操作。

图3−11　小鸡彩绘蛋糕卷

3.草莓彩绘蛋糕卷

制作草莓彩绘蛋糕卷（见图3−12）时，可以用水调和抹茶粉、可可粉，用画笔画出叶子，没有画笔时可用牙签代替。

图3−12　草莓彩绘蛋糕卷

制作彩绘蛋糕描边时有哪些注意事项？

六、考核要点及评价

彩绘蛋糕制作评价表

类别	序号	评价项目	评价内容及要求	优秀	良好	合格	较差
技术考评	1	质量	熟悉彩绘蛋糕的制作工具和原料				
	2		掌握彩绘蛋糕的制作步骤				
	3		能够对彩绘蛋糕成品进行评价				
非技术考评	4	态度	态度端正				
	5	纪律	遵守纪律				
	6	协作	有交流，团队合作				
	7	文明	保持安静，清理场所				

项目四　戚风蛋糕制作

一、简介

戚风蛋糕（见图4–1）制作中采用了分蛋搅打技巧，蛋糕组织含有充足的空气，口感爽口细致。同时，戚风蛋糕柔韧性好，水分含量高，味道清淡不腻，口感滋润嫩爽，存放时不易发干。戚风蛋糕风味突出，

是三大基础蛋糕坯之一。戚风蛋糕的代表种类有瑞士蛋糕卷、红丝绒蛋糕卷、肉松小贝、虎皮蛋糕、古早蛋糕、轻芝士蛋糕、重芝士蛋糕等。

图4-1　戚风蛋糕

二、制作原理

戚风蛋糕制作中采用了分蛋搅打法，即蛋清和蛋黄分开搅打的方法。蛋清在搅拌机的高速搅打下，卷入大量空气，形成了许多被蛋白质胶体薄膜包围的气泡。随着搅打的进行，卷入的空气不断增加，蛋白霜体积不断增大。蛋白霜搅打至硬性发泡后呈尖峰状，以倒立不弯曲为宜，然后将之与搅打好的蛋黄糊等混合均匀即可。

三、制作关键

1.调制蛋黄糊

（1）蛋黄液中加入白糖，搅打均匀。

（2）加入色拉油的目的是使蛋糕更加滋润柔软，但用量要准确。色拉油加得过少，则蛋糕干瘪；加得过多，则不易均匀地融入蛋黄糊，并且过量的油脂会破坏蛋白霜的泡沫，最终影响蛋糕质量。另外，加入色拉油时需分次加入，这样更容易搅匀。

（3）蛋黄液中加入面粉等后，不能过分搅打，轻轻搅匀即可，否则会产生大量的面筋，进而影响蛋糕质量。

（4）调制蛋黄糊时应适量加入泡打粉，作用是使蛋糕膨胀，其用量大约为面粉的2%。

2. 搅打蛋白霜

蛋白霜的搅打质量是戚风蛋糕的制作关键，影响蛋白发泡的因素有很多。

（1）分蛋时蛋白中不能混有蛋黄，搅打蛋白的器具也要洁净，不能沾有油脂。

（2）在蛋白中加入塔塔粉的作用是使蛋白泡沫更稳定，这是因为塔塔粉作为一种有机酸盐（酒石酸氢钾），可使蛋白霜的pH值降低至5～7，而此时的蛋白泡沫最稳定。塔塔粉的用量一般为蛋白的0.5%～1%。

（3）糖能帮助蛋白形成稳定而持久的泡沫，故搅打蛋白时必须加入白糖。白糖加入的时机以蛋白搅打呈粗白泡沫时为好，这样既可降低白糖对蛋白起泡性的不利影响，又可使蛋白泡沫更加稳定。若白糖加得过早，则蛋白不易打发；若加得过迟，则蛋白泡沫的稳定性差，白糖也不易搅匀搅化，还可能因过分搅打而使蛋白霜搅打过头。

（4）搅打蛋白霜时要先慢后快，这样蛋白才容易打发，蛋白霜的体积才会更大。

四、制作技巧

1. 蛋白在冷冻柜中冷冻至周围冻结

要做出合适的蛋白霜，蛋白必须先在冷冻柜中冷冻至周围冻结。温度较低既可以降低蛋白霜制作失败概率，也可以使其中的气泡稳定，做出不容易消泡的蛋白霜。蛋白霜制作好后，接下来的动作必须迅速，宜在短时间之内与蛋黄糊混合。

2. 使用热水

蛋黄与砂糖先轻轻搅拌，接着添加热水，这样在轻轻搅拌的时候，砂糖的溶化速度会较快，并且可以提高面糊的温度，面糊的温度较高，与蛋白霜混合的时候泡沫就不容易消失，另外，温度低容易使面糊变硬，造成蛋糕中的空洞，所以需要使用热水，提高面糊的温度。

任务一 戚风蛋糕坯制作

戚风蛋糕最大的特点是组织松软、水分充足，久存而不易干燥，口味清淡，不像其他蛋糕那样油腻、过甜。戚风蛋糕在低温环境下存放不会因变硬而失去原有的新鲜度，因为其本身水分含量较多，较其他蛋糕更松软，所以戚风蛋糕最适合制作冷藏类蛋糕。很多种类的蛋糕都以戚风蛋糕坯（见图4–2）做糕体。

图4–2 戚风蛋糕坯

一、制作目的

（1）熟悉戚风蛋糕坯的制作工具和原料。

（2）熟悉戚风蛋糕坯的制作步骤。

二、制作工具

大面盆、打蛋器、刮板、长柄软刮、多功能厨师机等。

三、制作原料

水125克，大豆油145克，白糖60克，低筋面粉180克，玉米淀粉90克，泡打粉3克，蛋黄11个，蛋白11个，白糖180克，塔塔粉5克，盐2克。

四、制作步骤

（1）面火190℃、底火160℃预热烤箱。

（2）制作蛋黄糊。

①选一个大面盆，同时加入水、大豆油和白糖，搅拌至白糖溶解。

②加入低筋面粉、玉米淀粉和泡打粉，顺时针搅拌。搅拌时动作要轻、速度要慢，以防起筋。搅拌均匀后，加入蛋黄，顺一个方向搅拌至面糊顺滑。

（3）制作蛋白霜。

①把蛋白、塔塔粉和盐放入厨师机的打蛋桶，用中低速打发，打发至出现大气泡。

②第一次加入白糖，保持速度不变，继续打发至大气泡变为小气泡。

③第二次加入白糖，打发至蛋白霜纹路不消失的状态。

④第三次加入白糖，继续打发至干性发泡状态（提起打蛋器，蛋白霜呈现小弯钩状态）。

（4）混合蛋黄糊、蛋白霜。将1/3的蛋白霜加到蛋黄糊中，用来稀释蛋黄糊，用翻拌的方式将两者混合均匀，然后把翻拌好的面糊和剩余的蛋白霜混合，一边翻拌一边转动面盆，以防消泡。

（5）翻拌均匀后，将面糊倒在烤盘上，用刮板将面糊刮平整，然后将烤盘在桌面上反复振几下，目的是将面糊中的气泡振出。

（6）将烤盘放到预热好的烤箱中烘烤18分钟左右。

五、成品特点

组织松软，水分含量高，味道清淡不腻，口感滋润嫩爽。

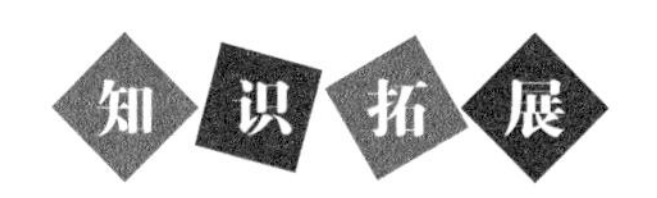

不同口味的戚风蛋糕

1. 黑芝麻戚风蛋糕

制作黑芝麻戚风蛋糕（见图4–3）时，需要用一种特殊工具——直径18厘米的中空蛋糕模。蛋糕糊入模后要振两下，然后放到预热好的烤箱中层，以160℃上下火烤约30分钟。蛋糕出炉后倒扣在晾网上，放凉后用脱模刀脱模。如果使用直径15厘米的中空蛋糕模，烘烤时间就要相应缩短，烤25分钟左右即可。

图4–3　黑芝麻戚风蛋糕

2. 香蕉戚风蛋糕

香蕉戚风蛋糕（见图4–4）散发着淡淡的香蕉味，口感松软湿润，令人回味无穷。可以搭配鲜奶油和草莓一起品尝。

3. 香草戚风蛋糕

香草戚风蛋糕（见图4–5）轻巧精致、香甜柔软，有着浓浓的香草味。香草戚风蛋糕外部常常包裹有一层薄薄的香草奶油等。

图4–4 香蕉戚风蛋糕

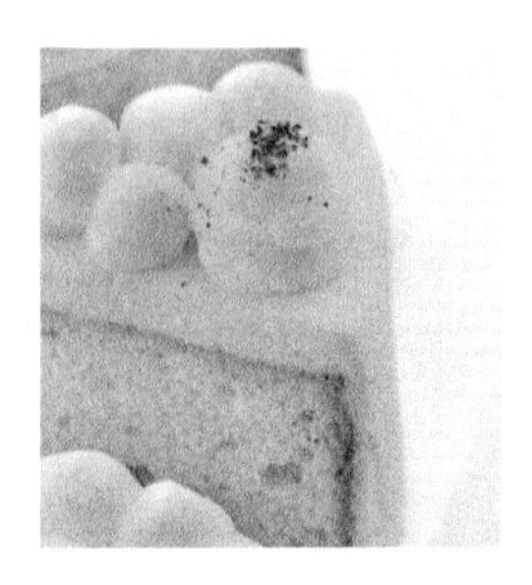

图4–5 香草戚风蛋糕

六、考核要点及评价

戚风蛋糕坯制作评价表

类别	序号	评价项目	评价内容及要求	优秀	良好	合格	较差
技术考评	1	质量	熟悉戚风蛋糕坯的制作工具和原料				
	2		掌握戚风蛋糕坯的制作步骤				
	3		能够对戚风蛋糕坯成品进行评价				
非技术考评	4	态度	态度端正				
	5	纪律	遵守纪律				
	6	协作	有交流，团队合作				
	7	文明	保持安静，清理场所				

1. 制作戚风蛋糕坯利用的是蛋白的什么特性？

2. 如何鉴别蛋白的打发程度？

任务二　瑞士蛋糕卷制作

瑞士蛋糕卷（见图4–6）口感绵软湿润却不油腻。制作时，需要加入果酱、奶油或切碎的果肉，卷成卷状。

图4–6　瑞士蛋糕卷

一、制作目的

（1）熟悉瑞士蛋糕卷的制作工具和原料。

（2）掌握瑞士蛋糕卷的制作步骤。

二、制作工具

多功能厨师机、大面盆、打蛋器、刮板、长柄软刮、油纸、锯齿刀、抹刀、木棒等。

三、制作原料

水125克，大豆油145克，白糖60克，低筋面粉180克，玉米淀粉

90克，泡打粉3克，蛋黄11个，蛋白11个，白糖180克，塔塔粉5克，盐2克，奶油适量（也可以用果酱代替）。

四、制作步骤

（1）制作蛋糕坯。步骤同戚风蛋糕坯的制作步骤。烘烤时，要注意烤箱温度和烘烤时间，确保蛋糕坯完全成熟，否则，制作出的瑞士蛋糕卷容易出现掉皮、发黏的情况。

（2）铺好油纸，将切好的蛋糕坯放在距离油纸底部约5厘米的位置，然后将奶油均匀地涂抹在蛋糕坯上，涂抹薄薄的一层即可。

（3）在油纸下面放入木棒，使之紧贴蛋糕坯，然后提起木棒和蛋糕坯，往下压，压至没有缝隙后向前卷动蛋糕坯，一边卷蛋糕坯一边转动木棒。卷至末尾处时，手扶着中间的位置将木棒压下去，放置约5分钟，使之定型（见图4–7）。

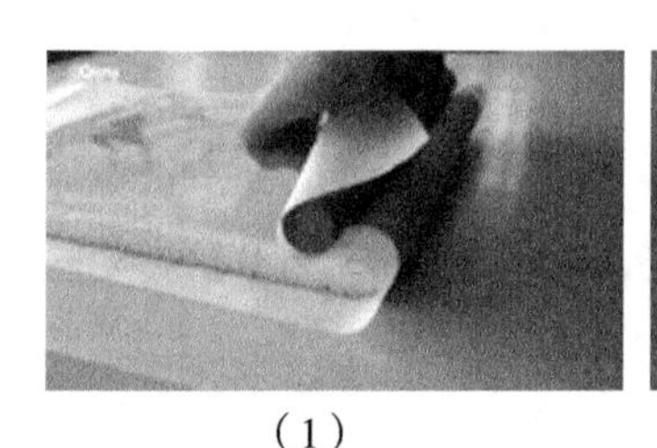
（1）

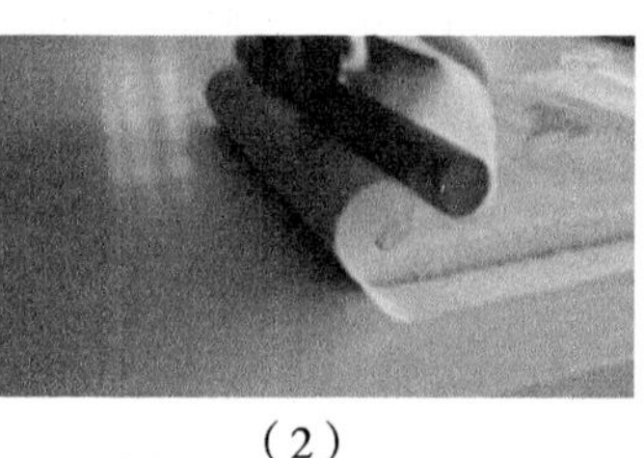
（2）

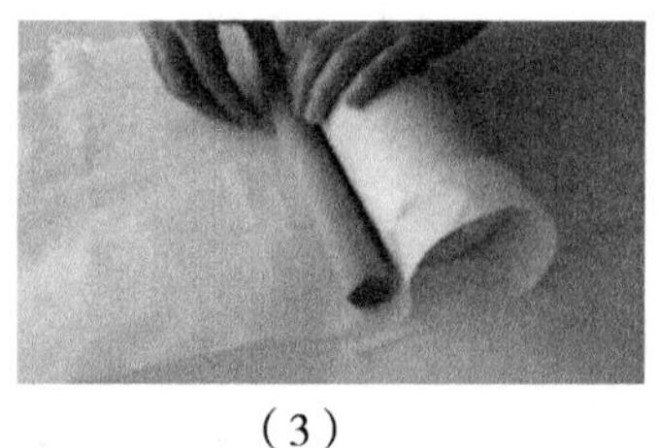
（3）

图4–7　瑞士蛋糕卷成型关键步骤

（4）取下油纸，将卷好的蛋糕坯收口处朝下放置。使用锯齿刀将蛋糕卷切开，以中间紧实、没有空隙为佳。

五、成品特点

松软轻盈，香甜绵柔，口感细腻柔嫩。

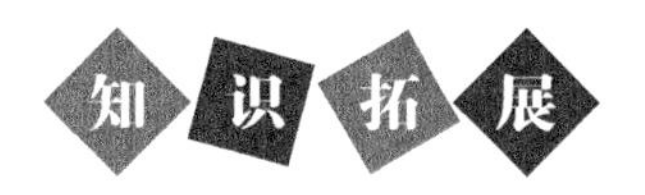

口味丰富的瑞士蛋糕卷

1.巧克力瑞士蛋糕卷

巧克力瑞士蛋糕卷（见图4–8）口感细腻松软，有着浓郁的巧克力味但又不会太甜，深受巧克力爱好者喜爱。

图4–8 巧克力瑞士蛋糕卷

2.抹茶瑞士蛋糕卷

制作抹茶瑞士蛋糕卷（见图4–9）时，需将高筋面粉、低筋面粉、抹茶粉混合后过筛备用。

图4–9 抹茶瑞士蛋糕卷

六、考核要点及评价

瑞士蛋糕卷制作评价表

类别	序号	评价项目	评价内容及要求	优秀	良好	合格	较差
技术考评	1	质量	熟悉瑞士蛋糕卷的制作工具和原料				
	2		掌握瑞士蛋糕卷的制作步骤				
	3		能够对瑞士蛋糕卷成品进行评价				
非技术考评	4	态度	态度端正				
	5	纪律	遵守纪律				
	6	协作	有交流，团队合作				
	7	文明	保持安静，清理场所				

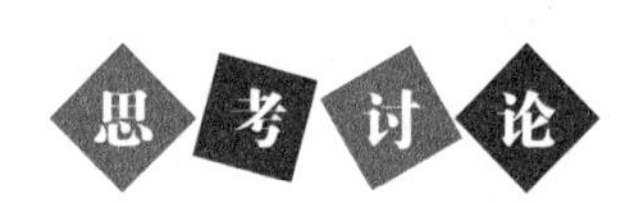

1. 如何掌握瑞士蛋糕卷的成型过程？

2. 如何避免瑞士蛋糕卷出现掉皮、发黏的情况？

任务三 红丝绒蛋糕卷制作

红丝绒蛋糕卷（见图4–10）口感绵软、制作简单，主要由低筋面粉、鲜奶油、鸡蛋、红丝绒粉制作而成。红丝绒蛋糕卷被誉为“蛋糕中的贵族”，常被选作婚礼蛋糕，红与白的配色常常让人眼前一亮。红丝绒蛋糕卷非常适合用作聚餐活动的餐前餐后小点心。

图4–10 红丝绒蛋糕卷

一、制作目的

（1）熟悉红丝绒蛋糕卷的制作工具和原料。

（2）掌握红丝绒蛋糕卷的制作步骤。

二、制作工具

打蛋器、刮板、橡皮刮刀、抹刀等。

三、制作原料

蛋黄80克，蛋白160克，红丝绒粉10克，无盐黄油40克，低筋面粉40克，绵白糖60克，已打发淡奶油150克，防潮糖粉少许。

四、制作步骤

（1）160℃预热烤箱。将蛋黄及30克绵白糖倒入大碗，用手动打蛋器搅拌至绵白糖完全溶化。

（2）将低筋面粉及红丝绒粉筛入大碗，搅拌至无干粉状态。

（3）用橡皮刮刀将无盐黄油刮入大碗，搅拌均匀，制成蛋黄糊。

（4）将蛋白及剩余的30克绵白糖倒入另一个大碗，用电动打蛋器搅打至九分发，制成蛋白霜。

（5）将一半蛋白霜倒入蛋黄糊，翻拌均匀后倒至剩余的蛋白霜中，继续翻拌均匀，制成红丝绒蛋糕糊。

（6）取方形烤盘，铺上高温布，倒入红丝绒蛋糕糊，用刮板抹平，再轻振几下，然后放到已预热至160℃的烤箱中层，烤20分钟左右。

（7）取出烤好的蛋糕，放凉至室温状态。提起高温布，将蛋糕倒扣在铺有油纸的操作台上，然后撕掉高温布。

（8）切去蛋糕两侧边缘，用抹刀将已打发的淡奶油均匀地涂抹在蛋糕表面。

（9）用擀面杖辅助提起油纸，将蛋糕卷成卷儿，再包裹好，放入冰箱冷藏约30分钟。

（10）取出冷藏好的红丝绒蛋糕卷，撕掉油纸，切块，装入盘中，筛上一层防潮糖粉即可。

五、成品特点

外形美观，口感细腻丝滑，柔软香绵。

红丝绒蛋糕卷小知识

红丝绒蛋糕卷口感丝滑，外形美观，深受大众喜爱。但是，在将蛋糕卷成卷儿的时候很容易断，而且不容易成型。怎样才能卷得既好看又不容易断呢？

1.卷的时候用巧劲儿

卷的时候先轻轻卷起蛋糕的1/4，用巧劲儿卷，不要用蛮力，否则容易把蛋糕卷断（见图4-11）。

2.卷好后放到冰箱中冷藏

卷好一点后，稍微停顿一下，轻轻压一下，再继续往前卷。完全卷好后不要立即切，要放到冰箱中冷藏30分钟左右（见图4-12）。

图4-11　卷的时候用巧劲儿

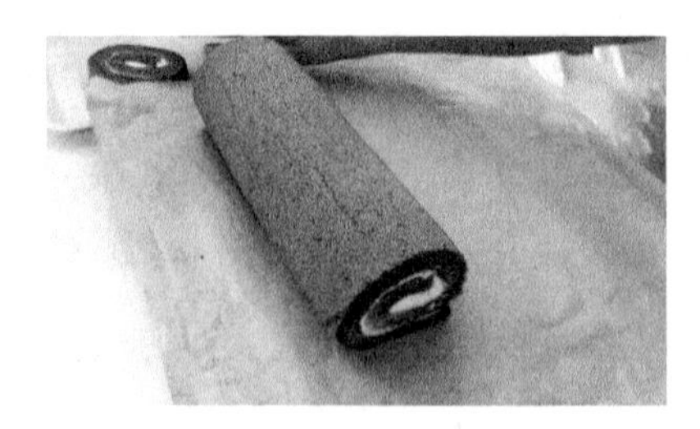
图4-12　卷好后放到冰箱中冷藏

六、考核要点及评价

红丝绒蛋糕卷制作评价表

类别	序号	评价项目	评价内容及要求	优秀	良好	合格	较差
技术考评	1	质量	熟悉红丝绒蛋糕卷的制作工具和原料				
	2		掌握红丝绒蛋糕卷制作步骤				
	3		能够对红丝绒蛋糕卷成品进行评价				
非技术考评	4	态度	态度端正				
	5	纪律	遵守纪律				
	6	协作	有交流，团队合作				
	7	文明	保持安静，清理场所				

1.涂抹奶油后，为什么要将烤好的红丝绒蛋糕卷放入冰箱冷藏？

2.红丝绒蛋糕卷和瑞士蛋糕卷有何区别？

任务四　肉松小贝制作

肉松小贝（见图4–13）香软湿润，口感丰富，蛋糕体松软，有足量的沙拉酱和肉松，深受大众喜爱。

图4–13　肉松小贝

一、制作目的

（1）熟悉肉松小贝的制作工具和原料。

（2）掌握肉松小贝的制作步骤。

二、制作工具

大面盆、打蛋器、刮板、长柄软刮、裱花袋、剪刀等。

三、制作原料

水125克，大豆油145克，白糖60克，低筋粉180克，玉米淀粉90克，泡打粉3克，蛋黄11个，蛋白11个，白糖180克，塔塔粉5克，盐2克，肉松适量，沙拉酱适量。

四、制作步骤

（1）前期步骤同戚风蛋糕坯的制作步骤（1）~（4）。

（2）面糊装袋。将裱花袋袋口翻开（防止弄脏袋口），将面糊装入裱花袋，用剪刀剪开裱花袋尖头，将面糊挤到烤盘上，厚约1厘米、直径约3厘米，使面糊均匀地分布在烤盘上。

（3）挤完后，将烤盘放入烤箱，大约10分钟后取出，烤至制品金

黄、饱满。

（4）戴上一次性手套，取两块大小相同的烤好蛋糕坯，在其表面抹上沙拉酱后拼成一个，然后粘上肉松即可成型。

五、成品特点

香味浓郁，口感细腻松软。

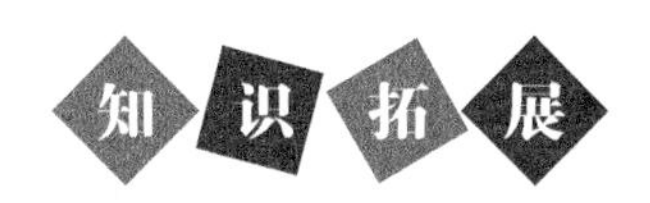

不同口味的肉松小贝

1. 海苔肉松小贝

海苔肉松小贝（见图4–14）有很多的海苔碎和白芝麻，因此吃上去有一种松脆的口感，再加上肉松的柔软丰润，两种口感搭配在一起特别有层次。

2. 草莓肉松小贝

制作草莓肉松小贝（见图4–15）时，肉松、冻干草莓、草莓沙拉酱三者缺一不可。只有这样，草莓肉松小贝才会散发出淡淡的草莓味，吃起来酸甜可口。

图4–14　海苔肉松小贝

图4–15　草莓肉松小贝

六、考核要点及评价

肉松小贝制作评价表

类别	序号	评价项目	评价内容及要求	优秀	良好	合格	较差
技术考评	1	质量	熟悉肉松小贝的制作工具和原料				
	2		掌握肉松小贝的制作步骤				
	3		能够对肉松小贝成品进行评价				
非技术考评	4	态度	态度端正				
	5	纪律	遵守纪律				
	6	协作	有交流，团队合作				
	7	文明	保持安静，清理场所				

1. 如何掌握肉松小贝的烘烤时间？

2. 烘烤时，如何保证蛋糕坯膨胀后不会粘连到一起？

任务五　虎皮蛋糕制作

虎皮蛋糕（见图4–16）是戚风蛋糕的一种，外面有黄色的薄层，里面夹有果酱或奶油。

一、制作目的

（1）熟悉虎皮蛋糕的制作工具和原料。

（2）掌握虎皮蛋糕起纹路的方法。

二、制作工具

大面盆、打蛋器、刮板、长柄软刮等。

图4-16　虎皮蛋糕

三、制作原料

蛋黄16个，糖粉120克，玉米淀粉50克，大豆油10克。

四、制作步骤

（1）预热烤箱，面火250℃、底火0℃。

（2）将蛋黄和糖粉搅打至呈浅黄色，然后加入玉米淀粉，搅拌均匀，至无颗粒状，最后加入大豆油并搅拌均匀。

（3）在烤盘上铺上油纸，然后将搅拌好的面糊倒入烤盘，用刮板将面糊刮平整。

（4）放入预热好的烤箱烘烤4～5分钟，烤好会呈现虎皮的纹路。

五、成品特点

蛋香浓郁，湿润松软。

虎皮蛋糕起纹路的关键

虎皮花纹是蛋黄短时间内变性收缩形成的，所以材料中的蛋黄是关键。虎皮蛋糕制作时需要注意以下几点：

1. 鸡蛋的处理

做虎皮蛋糕用的鸡蛋必须提前放入冰箱。此外，蛋黄和蛋白必须彻底分离干净（见图 4-17），否则会影响蛋糕的起皱效果和上色效果。

图4-17　蛋黄和蛋白彻底分离干净

2. 蛋黄的打发

蛋黄打发时间不能太长也不能太短，打发至蛋黄糊变成浅黄色、体积明显增大时即可（见图 4-18），打发时间过长或过短都烤不出纹路。

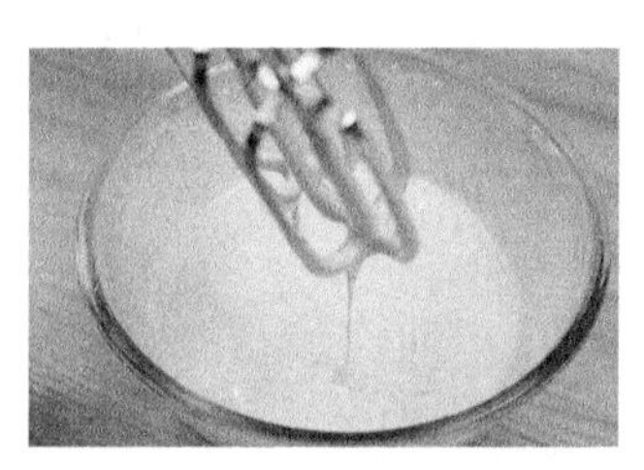
图4-18　蛋黄糊变成浅黄色、体积明显增大

3. 烤盘的选择

一定要用平底烤盘（见图 4-19）来烤制虎皮蛋糕，避免烤出来的虎皮蛋糕表面不平整，影响效果。

图4-19　平底烤盘

4. 温度的控制

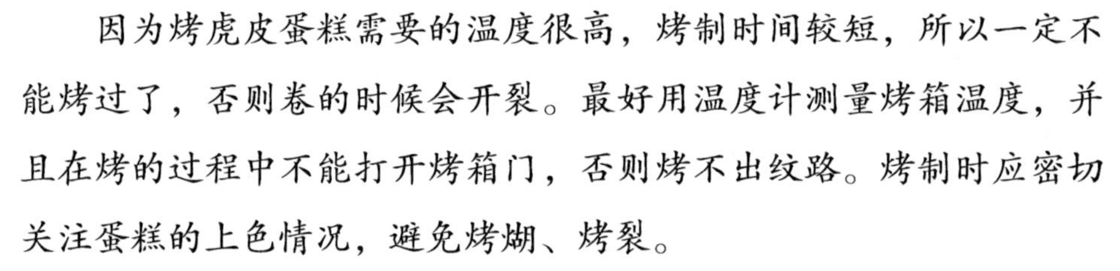

因为烤虎皮蛋糕需要的温度很高，烤制时间较短，所以一定不能烤过了，否则卷的时候会开裂。最好用温度计测量烤箱温度，并且在烤的过程中不能打开烤箱门，否则烤不出纹路。烤制时应密切关注蛋糕的上色情况，避免烤煳、烤裂。

5. 有余温时卷起

虎皮蛋糕出炉后应散热 3 ~ 4 分钟，待摸上去稍有余温立马开始卷，否则容易开裂（见图 4-20）。

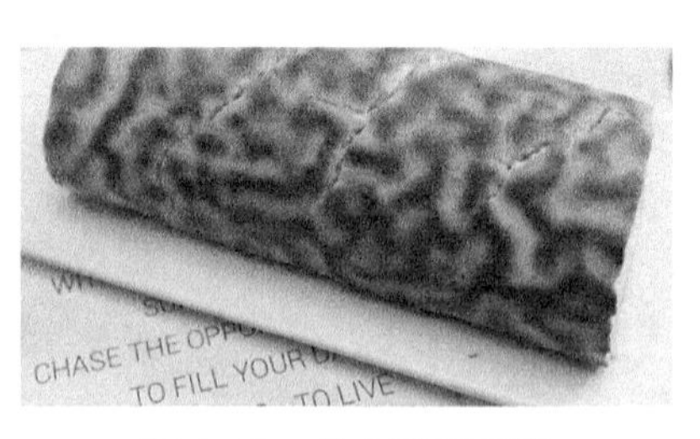
图4-20　虎皮蛋糕开裂

六、考核要点及评价

虎皮蛋糕制作评价表

类别	序号	评价项目	评价内容及要求	优秀	良好	合格	较差
技术考评	1	质量	熟悉虎皮蛋糕的制作工具和原料				
	2		掌握虎皮蛋糕的制作步骤				
	3		能够对虎皮蛋糕成品进行评价				
非技术考评	4	态度	态度端正				
	5	纪律	遵守纪律				
	6	协作	有交流，团队合作				
	7	文明	保持安静，清理场所				

1. 如何使虎皮蛋糕起纹路？

2. 虎皮蛋糕卷裂开的原因是什么？

任务六　古早蛋糕制作

古早蛋糕（见图4–21）是指旧时的蛋糕，带着怀念意味，让人念念不忘。古早蛋糕是海绵类蛋糕中具有代表性的制品，需要隔水蒸烤，口感松软湿润。

图4–21　古早蛋糕

一、制作目的

（1）熟悉古早蛋糕的制作工具和原料。

（2）掌握古早蛋糕的制作方法。

二、制作工具

奶锅、打蛋器、电磁炉、刮板、长柄软刮、模具、测温枪、玻璃盆、多功能厨师机等。

三、制作原料

低筋面粉200克，细砂糖150克，牛奶适量，无色无味植物油150克，玉米淀粉10克，盐15克，蛋清12个，蛋黄12个，白醋适量。

四、制作步骤

（1）上下火150℃预热烤箱。

（2）锅中加油，用电磁炉加热至70℃～80℃（用测温枪测量温度），直至出现小气泡。注意：使用厚实的锅，在加热过程中能升温均匀，但使用前一定要擦干；如果油温过高，可冷却至70℃～80℃备用。

（3）将低筋面粉、玉米淀粉和热油混合均匀。

（4）加入牛奶，“Z”字形搅拌均匀。

（5）加入蛋黄，“Z”字形搅拌均匀，直至没有颗粒，此时蛋黄糊制作完成。

（6）用多功能厨师机中速搅打蛋清，至出现大气泡，此时第一次加入细砂糖，当搅打至大气泡变为小气泡时第二次加入细砂糖，同时加入盐和白醋，搅打均匀后，起泡更加细腻，再加入剩余的细砂糖，继续搅打至干性发泡，此时蛋白霜打发完成。

（7）取1/3的蛋白霜加到蛋黄糊中并搅拌均匀，然后将把搅拌好的混合物加到剩下的蛋白霜中，翻拌均匀。

（8）在模具上铺上油纸，把混合物倒入模具，用塑料刮板抹平。

（9）在烤盘中加入适量热水，用水浴法烘烤60～70分钟。

五、成品特点

绵密松软，香味浓郁可口，湿润。

古早蛋糕小知识

（1）装蛋清的盆必须无水无油，否则蛋清打发不成功，最后做出来的蛋糕也就不会起发。

（2）古早蛋糕和戚风蛋糕口感不同，古早蛋糕之所以吃起来更细腻，是因为它是烫面的，在做之前要把油脂加热至70℃～80℃。这个温度要用测温枪测，不能仅凭感觉。

（3）打发好的蛋白霜在和蛋黄糊混合时，要用刀切式或“Z”字形翻拌的方式尽快拌匀，不能让蛋白霜消泡，否则会导致蛋糕不起发。

（4）预热烤箱，然后把蛋糕模具放入烤箱，烤的时候要注意观察，必须保证蛋糕充分烤熟，烤好的古早蛋糕外部是金黄色、脆脆的，内部是香软的。如果湿气特别重，则蛋糕没烤熟，但是也不能烤过火（见图4–22）。

图4–22　烤过火的古早蛋糕

（5）蛋糕烤好后，要第一时间取出，在烤架上放凉。如果烤好的蛋糕长时间放在模具内，热气散不掉，就会导致蛋糕回缩塌陷。

六、考核要点及评价

古早蛋糕制作评价表

类别	序号	评价项目	评价内容及要求	优秀	良好	合格	较差
技术考评	1	质量	熟悉古早蛋糕的制作工具和原料				
	2		掌握古早蛋糕的制作步骤				
	3		能够对古早蛋糕成品进行评价				
非技术考评	4	态度	态度端正				
	5	纪律	遵守纪律				
	6	协作	有交流，团队合作				
	7	文明	保持安静，清理场所				

1. 为什么叫作古早蛋糕？

2. 加入牛奶和蛋黄时为什么要“Z”字形搅拌？

任务七　轻芝士蛋糕制作

芝士蛋糕也称乳酪蛋糕，根据乳酪（芝士）含量的多少，分为轻芝士蛋糕（见图4–23）、重芝士蛋糕等。轻芝士蛋糕中的乳酪含量较少。

图4–23　轻芝士蛋糕

一、制作目的

（1）熟悉轻芝士蛋糕的制作工具和原料。

（2）掌握轻芝士蛋糕的制作方法。

二、制作工具

大面盆、台式多功能搅拌机、量杯、打蛋器等。

三、制作原料

乳酪186克，牛奶93克，黄油30克，低筋面粉15克，玉米淀粉15克，蛋黄4个，蛋清4个，塔塔粉1.5克，白糖60克。

四、制作步骤

（1）预热烤箱，面火、底火都为150℃。

（2）将提前解冻好的乳酪放在盆里搅拌，解冻时可以将装乳酪的盆放在另一个热水盆里。

（3）加入蛋黄，搅拌均匀，至无颗粒。

（4）加入黄油，继续搅拌均匀。

（5）分两次加入牛奶，先加入1/2的牛奶搅拌均匀，再加入剩余的牛奶，继续搅拌均匀。

（6）加入低筋面粉和玉米淀粉，“Z”字形搅拌均匀。

（7）另取一个盆，加入蛋清、1/3的糖，搅拌至泡沫细腻，再加入1/3的糖和1/2的塔塔粉，搅打至更细腻的状态时加入剩余的1/3的糖和1/2的塔塔粉，搅打至干性发泡。

（8）将蛋黄糊与蛋白霜混合好，然后在模具里涂上黄油。

（9）将蛋糕糊倒入模具，至七八分满，在烤盘中加入适量的水，然后放入预热好的烤箱中烘烤60～70分钟，烤至金黄色即可。

五、成品特点

奶香浓郁，清爽，入口即化。

轻芝士蛋糕制作要点

1.材料的混合

在做轻芝士蛋糕的时候需要用到黄油、乳酪等，因为它们是固体状态，所以需要把装有黄油或乳酪的盆放到温水里，隔水搅

拌至融化，再加入牛奶、淀粉等食材且必须搅拌至无颗粒状态，最好将面糊过筛几次，这样的面糊才会更细腻。

2.蛋白的打发

必须将蛋白打发至湿性发泡状态，即蛋白细腻、打蛋器抬起有大弯钩状态（见图4−24），没打发或打发过度都会影响成品的外观和口感。

图4−24　打蛋器抬起有大弯钩

3.烘烤的方式

轻芝士蛋糕在烘烤时采用的是水浴法，即先在烤盘中装适量的水，再把蛋糕糊放进烤箱烘烤（见图4−25），而不可以把蛋糕糊直接放到烤箱中烘烤。

图4−25　烘烤的方式

4.模具的选择

应使用固定模具，防止水蒸气进入。如果没有固定模具，可以使用活底模具，但是必须在底部包上锡纸，以免水蒸气进入。

5.辨别蛋糕熟透与否的方法

轻芝士蛋糕的口感是湿润、细腻，出炉后，一旦放凉，蛋糕就会回缩、自动脱模，这时轻轻地晃动，若听到沙沙的声音，且蛋糕表面摸起来比较干爽，就是完全烤熟了。

6.避免回缩的方法

轻芝士蛋糕在烘烤的时候会膨胀，但是冷却之后会回缩，所以在烤好后要继续在烤箱中焖30分钟左右，避免温差较大，导致回缩。

六、考核要点及评价

轻芝士蛋糕制作评价表

类别	序号	评价项目	评价内容及要求	优秀	良好	合格	较差
技术考评	1	质量	熟悉轻芝士蛋糕的制作工具和原料				
	2		掌握轻芝士蛋糕的制作步骤				
	3		能够对轻芝士蛋糕成品进行评价				
非技术考评	4	态度	态度端正				
	5	纪律	遵守纪律				
	6	协作	有交流，团队合作				
	7	文明	保持安静，清理场所				

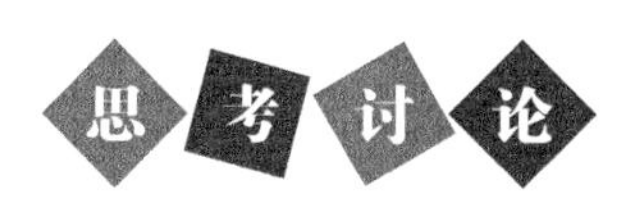

1. 在烤轻芝士蛋糕时为什么要在烤盘中加水？

2. 为什么要在模具里涂上黄油？

任务八　重芝士蛋糕制作

重芝士蛋糕（见图4–26）由乳酪、消化饼干、细砂糖、鸡蛋、黄油等食材制成，也称重乳酪蛋糕，配方中乳酪用量较大。

图4–26　重芝士蛋糕

一、制作目的

（1）熟悉重芝士蛋糕的制作工具和原料。

（2）掌握重芝士蛋糕的制作方法。

二、制作工具

烤箱、不锈钢盆、料理机（可手动碾碎饼干）、蛋糕模具、电动打蛋器、锡纸、脱模刀等。

三、制作原料

消化饼干100克，黄油50克，鸡蛋2个，牛奶80克，柠檬汁12克，细砂糖80克，乳酪250克，低筋面粉适量。

四、制作步骤

（1）将黄油装在一个碗里，隔水融化。

（2）把消化饼干放到料理机里，打碎至无颗粒状态。

（3）把饼干碎装到一个容器里，将融化好的黄油倒到饼干碎里搅拌均匀。

（4）事先将蛋糕模具清洗干净并晾干。把搅拌好的黄油饼干碎倒到模具里并压实，然后放到冰箱里冷藏。

（5）将乳酪放入不锈钢盆常温融化，再倒入细砂糖，用电动打蛋器搅打顺滑、无颗粒的状态。

（6）在搅打好的乳酪里加入鸡蛋，第一个鸡蛋搅打均匀后再加入第二个。

（7）倒入柠檬汁和低筋面粉，用电动打蛋器搅打均匀。

（8）然后再加入牛奶并搅拌均匀，这样重芝士蛋糕糊就调制好了。

（9）把重芝士蛋糕糊缓缓地倒到之前铺好黄油饼干碎的蛋糕模具里，振几下以便把蛋糕糊里的气泡振出来。

（10）将烤箱预热至170℃。在烤盘中倒入适量热水，尽量让热水的高度没过蛋糕糊的1/2。如果蛋糕模具是活底的，则在底部包上锡纸。烘烤至蛋糕表面呈金黄色时即可取出烤箱。

五、成品特点

奶香浓郁，口感细腻绵润。

轻芝士蛋糕和重芝士蛋糕的区别

1. 原料不同

轻芝士蛋糕和重芝士蛋糕的主要区别就是乳酪含量不同，重芝士蛋糕中乳酪的用量很大，甚至能够达到80%，乳酪的味道非常浓郁，制作时鸡蛋不需要打发，只需加到搅打好的乳酪糊里。轻芝士蛋糕中的乳酪只有重芝士蛋糕的1/2左右甚至更少，蛋清需要打发后再和乳酪糊混合。

2. 制作方式不同

重芝士蛋糕既可以冷藏吃，也可以烤着吃，冷藏的重芝士蛋糕即免烤重芝士蛋糕，把做好的蛋糕坯放入冰箱冷藏约4个小时，再拿出来脱模即可食用，这样口感会比较好，有很浓的芝士味道；烤的重芝士蛋糕则是将准备好的蛋糕坯用水浴法入烤箱烘烤制成的。轻芝士蛋糕一般需要使用烤箱。

3. 口感不同

重芝士蛋糕中因为乳酪含量更多，所以味道更加香浓。轻芝士蛋糕中的乳酪含量相对较少，口感上比较轻盈。

六、考核要点及评价

重芝士蛋糕制作评价表

类别	序号	评价项目	评价内容及要求	优秀	良好	合格	较差
技术考评	1	质量	熟悉重芝士蛋糕的制作工具和原料				
	2		掌握重芝士蛋糕的制作步骤				
	3		能够对重芝士蛋糕成品进行评价				
非技术考评	4	态度	态度端正				
	5	纪律	遵守纪律				
	6	协作	有交流，团队合作				
	7	文明	保持安静，清理场所				

1. 使用活底的蛋糕模具时为什么要包上锡纸？
2. 轻芝士蛋糕和重芝士蛋糕的区别是什么？

模块三

饼干制作

饼干是以谷类或豆类、薯类粉等为主要原料，添加或不添加糖、油脂及其他原料，经调粉（或调浆）、成型、烘烤（或煎烤）等工艺制作而成的食品，部分品类会在熟制前或熟制后在产品表面等部位添加奶油、巧克力等。饼干是一种常见的点心，作为一种零食，食用方便，已成为人们日常生活中不可或缺的一种食品。

本模块有两个项目，14个任务，分别介绍了多种饼干的制作，包括原味曲奇、香葱曲奇、珍妮曲奇、意大利曲奇、巧克力曲奇、玛格丽特饼干、杏仁薄脆饼干、朗姆葡萄酥、蔓越莓饼干、红糖燕麦饼干、可可杏仁饼干、棋格饼干、圣诞饼干、罗马盾牌饼干。通过学习本模块，在掌握14种饼干制作技巧的基础上，了解与之相关的知识，拓宽知识面，有利于丰富对饼干种类、原料、配料等的认知。

项目五　曲奇饼干制作

任务一　原味曲奇制作

曲奇是英语cookie的音译，指细小而扁平的蛋糕式饼干。曲奇饼干以酥、香的特点让人喜爱，曲奇饼干不但造型多变，而且口味也很多，有咖啡味的、巧克力味的、绿茶味的等。原味曲奇（见图5-1）是曲奇饼干的一种，主要由面粉、黄油、鸡蛋、细砂糖等制作而成。

图5-1　原味曲奇

优质的曲奇饼干表面色泽均匀，花纹与饼体边缘可能有较深的颜色，但不能过焦等。原味曲奇成品带有花纹，隐隐带有黄油的香气，吃起来十分美味。

一、制作目的

（1）了解原味曲奇的相关知识。

（2）熟悉原味曲奇的制作工具和原料。

（3）掌握原味曲奇的制作步骤。

二、制作工具

电动打蛋器、软刮、电子秤、裱花袋、裱花嘴、烤盘、烤箱等。

三、制作原料

黄油80克，细砂糖50克，鸡蛋20克，面粉100克，盐1克。

四、制作步骤

（1）将黄油切块，放在室温环境中软化，软化后用软刮按压检查，确保无硬颗粒。在制作原味曲奇过程中，黄油软化十分重要。

（2）将盐加到蛋液中搅拌，直至溶解。

（3）细砂糖与软化好的黄油混合打发，打发至呈浅黄色。随后分3次将蛋液加到打发的黄油中，接着持续搅打。打发程度会影响原味曲奇的口感及花纹的立体程度，故一定要充分打发。

（4）用软刮充分搅拌混合物。

（5）用电动打蛋器继续充分搅打混合物，使其呈直立针状。

（6）加入面粉，用软刮将物料拌匀后把面糊装进裱花袋。

（7）将面糊直接挤在烤盘上。挤的时候，裱花嘴离烤盘要远一些，

这样制品花纹才会立体饱满，否则成品形状不好看且容易烤焦。裱花嘴和烤盘的距离以1厘米左右为宜。

（8）提前将烤箱加热至145℃，将烤盘放入烤箱，先烤约12分钟，注意观察上色情况，根据成熟情况决定是否需要再烤约4分钟。

（9）等到成品呈金黄色、香味四溢时，即可取出。刚出烤箱的原味曲奇晾凉后即可食用，吃不完的要密封保存。

五、成品特点

口感酥松香甜，大小均匀，色泽一致，花纹立体。

曲奇挤注法

1. 原料准备

曲奇面糊。

2. 工具准备

剪刀、裱花袋、八齿裱花嘴、十齿裱花嘴等。

3. 挤注方法

（1）将裱花嘴装入裱花袋（见图5-2），然后将裱花嘴塞到剪好口的裱花袋底部。注意，裱花袋剪口的时候不能剪得太大或太小，太小会影响成型，太大裱花嘴容易挤掉，开口大小以裱花嘴的齿形完全露出为宜（可以先剪一个大概的大小，观察裱花嘴齿形能不能完全露出，如果不能完全露出则再剪大一些，直至裱花嘴齿形完全露出）。

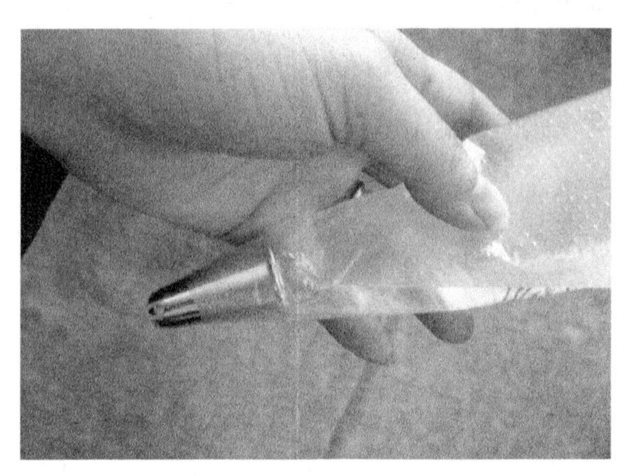

图5-2　将裱花嘴装入裱花袋

（2）把曲奇面糊装入裱花袋，将面糊挤到底部，面糊的量以5个手指能够握住为准，如果装太多则手指不好发力。切忌将裱花袋在手上握太长时间，否则会出现油面分离的情况，导致烘烤时成品纹路消失。

（3）挤注面糊前应先排出裱花袋内空气，然后裱花袋绕食指一周（见图5-3），挤注时裱花嘴应在烤盘上方1厘米左右处，与烤盘垂直，手臂保持不动，转动手腕，顺一个方向画圈挤注。结尾处收力，迅速“掐断”，挤好的饼干坯直径一般为3厘米。需要注意的是，在挤注过程中要一边用力一边缓慢上提，同时画圈。

图5-3　裱花袋绕食指一周

六、考核要点及评价

原味曲奇制作评价表

类别	序号	评价项目	评价内容及要求	优秀	良好	合格	较差
技术考评	1	质量	熟悉原味曲奇的制作工具和原料				
	2		掌握原味曲奇的制作步骤				
	3		能够对原味曲奇成品进行评价				
非技术考评	4	态度	态度端正				
	5	纪律	遵守纪律				
	6	协作	有交流，团队合作				
	7	文明	保持安静，清理场所				

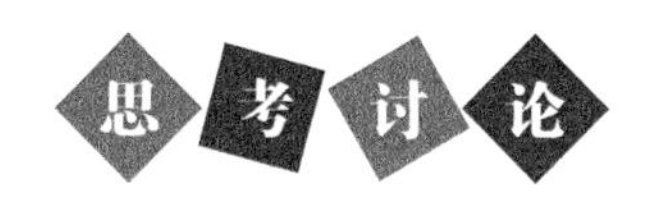

1. 如何掌握原味曲奇的烘烤温度？

2. 如何才能保证烤制的原味曲奇花纹立体、清晰？

任务二　香葱曲奇制作

香葱曲奇（见图5–4）是曲奇的一种，制作原料主要有低筋面粉、黄油、植物油、香葱、鸡蛋、牛奶等。

曲奇在一般人的印象中都是甜的，但香葱曲奇不仅加入了葱花，还加入了少许的盐，味道是咸香的，属于咸味甜点，别具一番风味。

图5-4　香葱曲奇

一、制作目的

（1）了解香葱曲奇的相关知识。

（2）熟悉香葱曲奇的制作工具和原料。

（3）掌握香葱曲奇的制作步骤。

二、制作工具

筛网、电动打蛋器、刮刀、裱花袋、裱花嘴、烤盘、烤箱等。

三、制作原料

低筋面粉210克，糖粉45克，鸡蛋50克，黄油85克，牛奶50克，植物油40克，香葱35克，盐4克。

四、制作步骤

（1）准备所有材料。葱花要控干水分，黄油在室温环境下软化。

（2）向软化好的黄油中放入糖粉，搅拌一下，随后用电动打蛋器打发至膨胀状态。

（3）分3次加入蛋液，每次都要等蛋液和黄油完全混合后再加入。

（4）加入牛奶、植物油，打发至发白、出现纹路。

（5）倒入葱花、盐，搅拌均匀。

（6）用筛网筛入低筋面粉，用刮刀翻拌均匀，至没有干粉。

（7）选用自己喜欢的曲奇裱花嘴，把面糊装入裱花袋。烤盘铺上油纸，挤注面糊。在挤注面糊时应注意，裱花嘴与烤盘要垂直，并距离1厘米左右，右手握紧裱花袋的收口处，左手施力均匀挤出面糊，力求在烤盘上挤出大小一致的曲奇坯。

（8）烤箱温度设置为上火170℃、下火170℃，预热5分钟，将烤盘放中层，上下火烤14分钟左右，当曲奇表面金黄、边缘开始微微变色时再烘烤1~3分钟，以免里边没熟透。曲奇烤好后冷却好就可以食用了。

五、成品特点

表面金黄，点缀有香葱，花纹清晰，口感酥松，味道咸鲜。

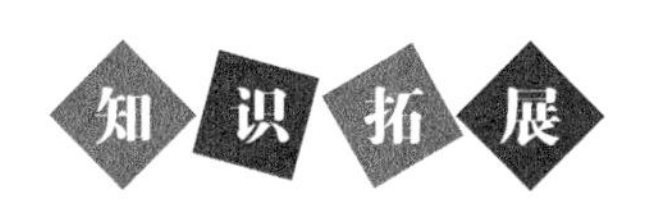

香葱在人们的主观印象里是做菜的辅料，但香葱在甜品界也经常出现，其为甜品种类及口味的丰富做出了巨大贡献，除本任务介绍的香葱曲奇外，常见的香葱类点心还有香葱薄饼、香葱火腿面包（见图5-5）等，接下来对香葱火腿面包的制作进行详细介绍。

图5-5　香葱火腿面包

1. 制作原料

高筋面粉300克，鸡蛋65克，奶粉10克，酵母3克，白砂糖30克，盐3克，黄油40克，牛奶150克，火腿肠2根，葱花适量，全蛋液适量。

2. 制作过程

（1）向面包机内放入高筋面粉、奶粉、酵母、白砂糖、盐、鸡蛋、牛奶，启动和面功能。约15分钟后放入黄油，搅拌至拉起面团成膜状。静置面团，进行发酵。

（2）准备两根火腿肠和适量葱花，将火腿肠切成细粒。

（3）将发酵好的面坯摊入方形烤盘（盘内预先刷上一层油），用叉子扎上小孔，刷上全蛋液，撒上火腿粒和葱花（见图5-6）。

图5-6　面坯

（4）将烤盘放入烤箱，二次发酵约30分钟，待面坯发至两倍大时开始用烤箱烤制（上下火均为160℃，烤制18分钟左右），成熟后取出，切块食用。

六、考核要点及评价

香葱曲奇制作评价表

类别	序号	评价项目	评价内容及要求	优秀	良好	合格	较差
技术考评	1	质量	熟悉香葱曲奇的制作工具和原料				
	2		掌握香葱曲奇的制作步骤				
	3		能够对香葱曲奇成品进行评价				
非技术考评	4	态度	态度端正				
	5	纪律	遵守纪律				
	6	协作	有交流，团队合作				
	7	文明	保持安静，清理场所				

1. 在制作香葱曲奇的过程中，为什么要将香葱控干水分？

2. 香葱曲奇和原味曲奇有何区别？

任务三　珍妮曲奇制作

在众多甜点中，珍妮曲奇可以说是一个非常经典的存在，凡是尝过珍妮曲奇的人，很少不为其浓郁的奶香及酥脆的口感所折服。珍妮曲奇如图5–7所示。

图5–7　珍妮曲奇

珍妮曲奇原料简单，成品酥香，口感极佳，并且花纹清晰立体，很是精致。

一、制作目的

（1）了解珍妮曲奇的相关知识。

（2）熟悉珍妮曲奇的制作工具和原料。

（3）掌握珍妮曲奇的制作步骤。

二、制作工具

盆、电动打蛋器、筛网、裱花嘴、裱花袋、烘焙纸、烤盘、烤箱等。

三、制作原料

糖粉24克，黄油140克，植物油10克，面粉120克。

四、制作步骤

（1）在制作珍妮曲奇之前，首先要对黄油进行室温软化处理。刚从冰箱中取出的黄油一般较硬，而在进行室温软化之后，黄油会变得较软。

（2）将软化好的黄油放到盆中，另外加入少量的糖粉。糖粉与黄油的比例大概为1∶6，如果喜欢吃甜的，也可以适量增加糖粉的用量。用电动打蛋器对黄油与糖粉进行初步打发，打发至黄油颜色稍微变浅即可。

（3）黄油与糖粉充分打发之后，用筛网向其中筛入适量的面粉，继续搅拌。在搅拌的过程中要将黄油等和面粉充分混合，避免出现结块现象。

（4）在制作珍妮曲奇的时候，可以选用较大的裱花嘴，这样在挤注面糊的时候，会更加方便一些。

（5）在平整的烤盘上喷少量的植物油，将烘焙纸完全贴合在烤盘之上，避免出现晃动的情况。

（6）将搅拌好的面糊装入裱花袋，挤出多余的空气，保证每个珍妮曲奇在制作的过程中都不会出现漏气的情况。

（7）在铺好烘焙纸的烤盘上依次挤出制作珍妮曲奇的面糊。挤注过程中应注意，高度不要过高，否则容易挤歪。

（8）挤注完成后，不要着急将其放入烤箱烤制，而是要预先在冰箱冷藏层内放置15分钟左右，这样可以让珍妮曲奇的口感更加酥脆。待冷藏好后，120℃烤制约50分钟。珍妮曲奇出炉以后，也要将其放入冰箱冷藏约10分钟之后再食用。

五、成品特点

外形美观，花纹立体，味道香甜，口感酥软。

珍妮曲奇与原味曲奇一样，都可以在其基础上添加其他配料，制作成不同口味的、不同颜色的，接下来就对不同口味的珍妮曲奇制作方法进行介绍。

1.抹茶珍妮曲奇

抹茶粉是一种茶粉，但又不同于普通的茶叶粉。这种茶粉具有独特的风味，可作为添加物在食品制作中应用。在制作珍妮曲奇的过程中，向面粉中加入5~10克的抹茶粉来进行调色和调味，可以制作出抹茶珍妮曲奇（见图5–8）。与原味珍妮曲奇的制作方法一样，抹茶珍妮曲奇在挤注之后，也要经过冷藏、烤制和再度冷藏三个步骤。

图5-8　抹茶珍妮曲奇

2. 草莓珍妮曲奇

还可以在面粉中加入适量的草莓粉来制作草莓珍妮曲奇（见图5-9）。一般来说，草莓粉的味道较甜，所以用量可以相对减少一些。在草莓味的曲奇面糊调制完成之后，重复原味珍妮曲奇的制作步骤，即可制成美观且美味的草莓珍妮曲奇。

图5-9　草莓珍妮曲奇

六、考核要点及评价

珍妮曲奇制作评价表

类别	序号	评价项目	评价内容及要求	优秀	良好	合格	较差
技术考评	1	质量	熟悉珍妮曲奇的制作工具和原料				
	2		掌握珍妮曲奇的制作步骤				
	3		能够对珍妮曲奇成品进行评价				
非技术考评	4	态度	态度端正				
	5	纪律	遵守纪律				
	6	协作	有交流，团队合作				
	7	文明	保持安静，清理场所				

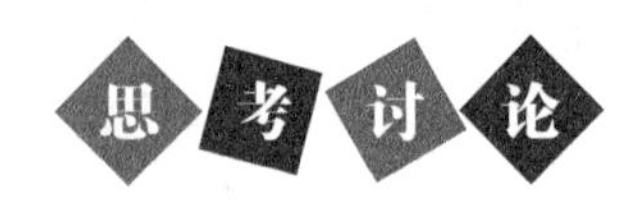

1. 如何挤注面糊才能制作出外形美观的珍妮曲奇？

2. 了解珍妮曲奇的几个品牌，掌握其各自的特色。

任务四　意大利曲奇制作

意大利曲奇是曲奇的一种，主要以黄油、低筋面粉、糖粉、可可粉等为原料制成（见图5-10）。这种甜点口感酥香，外观不一，是曲奇饼干的典型代表。

图5-10　意大利曲奇

意大利曲奇深受世界各地的人们喜爱，各种意大利曲奇产品遍布世界，如意大利Matilde

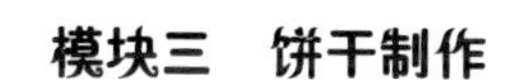

Vicenzi ROMA夹心曲奇，饱满的内馅，酥脆的外皮，一口下去满嘴留香。

一、制作目的

（1）了解意大利曲奇的相关知识。

（2）熟悉意大利曲奇的制作工具和原料。

（3）掌握意大利曲奇的制作步骤。

二、制作工具

刮刀、盆、打蛋器、筛网、裱花嘴、裱花袋、烤盘、烤箱等。

三、制作原料

黄油150克，低筋面粉420克，糖粉300克，鸡蛋150克，玉米淀粉30克，泡打粉12克，盐1.5克，可可粉15克。

四、制作步骤

（1）准备原料。

（2）将黄油放在室温环境下充分软化，先用刮刀按压软化好的黄油，再用打蛋器打发，使其体积变大，至颜色略微发白（见图5-11）。

图5-11　打发的黄油

（3）向盆中加入糖粉，将黄油和糖粉翻拌均匀后打发。

（4）然后加入盐和蛋液打发，蛋液要分次加入，否则会出现油水分离现象。

（5）将低筋面粉、泡打粉、玉米淀粉、可可粉混合均匀后过筛，将过好筛的粉类混合物倒入已经打发好的黄油等中搅拌均匀。

（6）将搅拌均匀的面糊装入裱花袋（安装好裱花嘴），随后用手挤注面糊，使面糊在烤盘上成型。需要注意的是，烤盘上应提前刷好食用油，避免制品粘盘。

（7）预热烤箱，将烤盘放入烤箱中，温度设置为上火180℃、下火180℃，烤制15~20分钟。

（8）从烤箱中取出烤盘，待曲奇晾凉后即可食用。

五、成品特点

香味浓郁，带有可可和黄油的香气，口感酥香。

六、考核要点及评价

意大利曲奇制作评价表

类别	序号	评价项目	评价内容及要求	优秀	良好	合格	较差
技术考评	1	质量	熟悉意大利曲奇的制作工具和原料				
	2		掌握意大利曲奇的制作步骤				
	3		能够对意大利曲奇成品进行评价				
非技术考评	4	态度	态度端正				
	5	纪律	遵守纪律				
	6	协作	有交流，团队合作				
	7	文明	保持安静，清理场所				

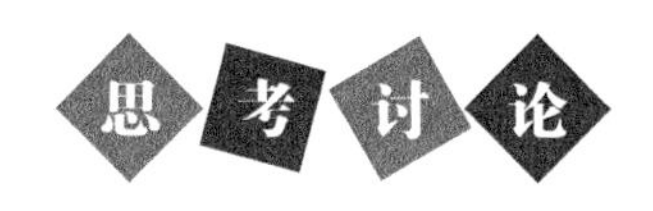

1. 你还知道哪些意大利甜品品牌，请简要介绍。

2. 不同的裱花嘴都能制作出什么样的甜品形态？

任务五　巧克力曲奇制作

巧克力曲奇（见图5-12）是颇受欢迎的一种甜点，入口有浓郁的巧克力味道，曲奇酥松香甜，巧克力浓郁微苦，二者结合别有一番风味。巧克力曲奇的制作十分简单，主要用到了黄油、低筋面粉、可可粉及巧克力豆等。

图5-12　巧克力曲奇

巧克力曲奇非常适合作为下午茶食用，搭配一杯咖啡，就是一份热量和口感兼备的美味。

一、制作目的

（1）了解巧克力曲奇的相关知识。

（2）熟悉巧克力曲奇的制作工具和原料。

（3）掌握巧克力曲奇的制作步骤。

二、制作工具

电动打蛋器、盆、筛网、刮刀、烤盘、烤箱等。

三、制作原料

无盐黄油80克，蛋液58克，糖粉60克，低筋面粉160克，可可粉20克，耐高温巧克力豆40克，泡打粉少许。

四、制作步骤

（1）准备所需食材，称重备用。黄油在室温环境下软化。

（2）先用电动打蛋器将黄油搅打至微微发白，倒入糖粉，将糖粉与黄油充分搅打均匀。

（3）将蛋液分3次加入，等黄油完全吸收上一次加入的蛋液后再添加下一次，最终用电动打蛋器搅打至蛋液被黄油完全吸收（见图5-13）。

图5-13　搅打好的黄油糊

（4）将低筋面粉、可可粉、泡打粉这些粉类混合均匀后过筛，筛到搅打好的黄油糊中。

（5）用刮刀将混合物翻拌均匀，至无干粉状态。

（6）向盆中加入耐高温巧克力豆，用刮刀将耐高温巧克力豆翻拌进面糊（千万不要揉，只能用翻拌手法），将翻拌好的面糊分成大小一致的多份。

（7）搓成圆球状，放入烤盘，按压成扁圆状。

（8）预热烤箱，将烤盘放入烤箱中层，温度设置为上火170℃、下火170℃，烤制约20分钟。取出冷却后即可食用。

五、成品特点

香酥可口，带有浓浓的巧克力香味。

六、考核要点及评价

巧克力曲奇制作评价表

类别	序号	评价项目	评价内容及要求	优秀	良好	合格	较差
技术考评	1	质量	巧克力曲奇的制作工具和原料				
	2		掌握巧克力曲奇的制作步骤				
	3		能够对巧克力曲奇成品进行评价				
非技术考评	4	态度	态度端正				
	5	纪律	遵守纪律				
	6	协作	有交流，团队合作				
	7	文明	保持安静，清理场所				

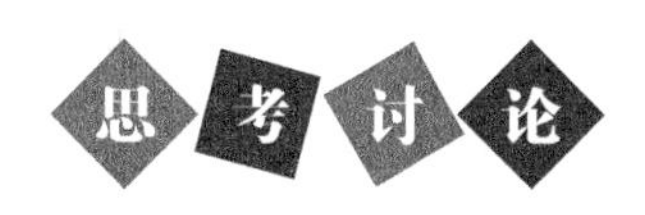

1.为什么要使用耐高温巧克力豆制作巧克力曲奇？

2.粉类在加到黄油糊中之前过筛的作用是什么？

项目六　其他类饼干制作

任务一　玛格丽特饼干制作

玛格丽特饼干（见图6–1）的名称来源于一个浪漫的爱情故事：据说是一位面点师爱上了一位姑娘，在制作饼干时，这位面点师在心中默默地念着心爱的姑娘的名字，制作完成后便以这位姑娘的名字作为这款饼干的名称了。

图6–1　玛格丽特饼干

玛格丽特饼干是烘焙初学者很易上手的一款饼干，它既不会用到繁多的工具，也不需要特殊的材料，成品外观简单、香酥美味、入口即化。

玛格丽特饼干属于典型的欧式甜点，是重油重糖的酥性饼干，在此基础上又增加了蛋香味。小巧的外表、酥脆的口感及入口即化的特点让每个品尝过它的人都印象深刻。

一、制作目的

（1）了解玛格丽特饼干的相关知识。

（2）熟悉玛格丽特饼干的制作工具和原料。

（3）掌握玛格丽特饼干的制作步骤。

二、制作工具

锅、筛网、打蛋器、保鲜膜、油纸、烤箱等。

三、制作原料

低筋面粉100克，玉米淀粉100克，黄油100克，鸡蛋2个，糖粉50克，盐1克等。

四、制作步骤

（1）向锅中倒入适量的清水，将洗好的鸡蛋冷水下锅，开中火将水煮至沸腾后，再煮约8分钟捞出鸡蛋。将捞出的鸡蛋放到冷水中浸泡一会儿，剥去鸡蛋壳，把蛋白去掉，只留蛋黄备用，然后把蛋黄放到筛网中按压，使之变成细末。

（2）将已经软化好的黄油放到容器中，加入盐和糖粉，用打蛋器将黄油、盐和糖粉打发，至体积膨大、颜色变浅即可。

（3）加入低筋面粉和玉米淀粉，与打发好的黄油等充分混合。

（4）混合均匀后用手揉成一个面团，把揉好的面团放进密封袋，在冰箱中冷藏1小时左右。

（5）180℃左右预热烤箱约10分钟，然后把冷藏好的面团从冰箱中取出，均匀地分成24等份，将每个小面团都揉搓成小球状，放进烤盘（在烤盘上铺上一张油纸），用手指肚将这些小面团逐一按扁，让饼干呈现出自然的按压裂纹。

（6）将烤盘放入预热好的烤箱中下层，上火调至180℃，下火调至170℃，时间设置为20分钟左右，烤制时要经常观察，待饼干边缘烤至微黄即可出炉。

五、成品特点

口感酥脆，入口即化，味道可口，老少皆宜。

玛格丽特饼干制作小技巧

（1）煮鸡蛋技巧。煮鸡蛋时，鸡蛋应凉水下锅，先在凉水里浸泡几分钟，再开中火直至水沸腾。水沸腾后煮约8分钟捞出，放在凉水里冷却。煮到这个程度的蛋黄较为干爽，容易通过筛网。

（2）蛋黄过筛技巧。玛格丽特饼干的特色在于使用了熟蛋黄，而熟蛋黄是不容易过筛的，在制作过程中，应用力按压蛋黄，将其挤压过筛（见图6–2）。

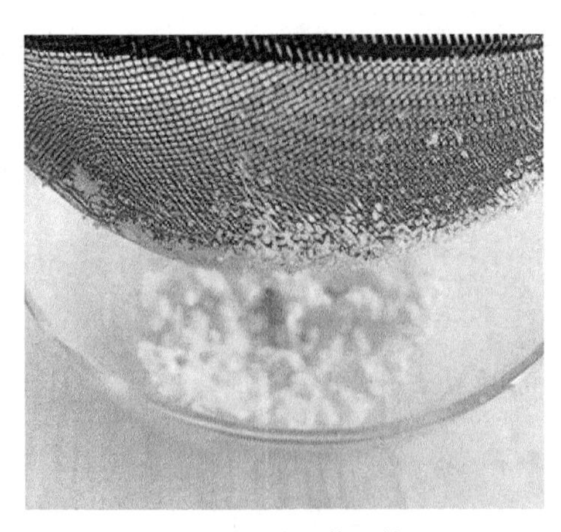

图6–2　熟蛋黄过筛

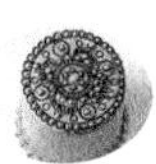

（3）按压饼干技巧。冷藏后的面团较为干硬，这时再用拇指按压更容易“绽放”出漂亮的花纹（见图6-3）。

图6-3　按压饼干

（4）可以根据自己的口味在倒入低筋面粉后加入自己喜欢吃的果干、抹茶粉（10克）或可可粉（10克），做出不同口味的玛格丽特饼干。

六、考核要点及评价

玛格丽特饼干制作评价表

类别	序号	评价项目	评价内容及要求	优秀	良好	合格	较差
技术考评	1	质量	熟悉玛格丽特饼干的制作工具和原料				
	2		掌握玛格丽特饼干的制作步骤				
	3		能够对玛格丽特饼干成品进行评价				
非技术考评	4	态度	态度端正				
	5	纪律	遵守纪律				
	6	协作	有交流，团队合作				
	7	文明	保持安静，清理场所				

1. 制作玛格丽特饼干为什么要用熟蛋黄？

2. 如何控制玛格丽特饼干的烤制程度？

任务二　杏仁薄脆饼干制作

杏仁的营养十分丰富，含有蛋白质、脂肪、维生素B_1、维生素B_2等。

杏仁薄脆饼干（见图6–4）是一种由低筋面粉、蛋清、杏仁片、黄油等制作而成的饼干，吃起来不但酥脆可口，而且味道清香不腻。杏仁含有的大量纤维可以让人减少饥饿感，其中的纤维素还有益于肠道组织。小巧的面饼加上营养丰富的坚果，使这款饼干成为下午茶的优质选择。

图6–4　杏仁薄脆饼干

同样是制作饼干，蛋黄能让饼干更加酥松，如玛格丽特饼干；蛋清则能让饼干更加香脆，如杏仁薄脆饼干。

一、制作目的

（1）了解杏仁薄脆饼干的相关知识。

（2）熟悉杏仁薄脆饼干的制作工具和原料。

（3）掌握杏仁薄脆饼干的制作步骤。

二、制作工具

筛网、打蛋器、盛放容器、刮刀、勺子、烤盘、油纸、烤箱等。

三、制作原料

蛋清50克，糖粉35克，黄油23克，杏仁片60克，低筋面粉25克。

四、制作步骤

（1）将制作原料准备好，从鸡蛋液中分离出蛋清。

（2）首先将黄油隔水融化成液态，然后把蛋清、糖粉、低筋面粉和融化好的黄油混合到一个容器里，用打蛋器搅拌至无干粉状态。低筋面粉在使用前可提前用筛网过筛，以使材料更加细腻。

（3）将杏仁片加到搅拌好的面糊中，用刮刀充分搅匀。盖上保鲜膜，将面糊静置约30分钟。

（4）预热烤箱，在烤盘上铺上油纸。用勺子背将静置好的面糊平摊在油纸上，尽量地摊薄，不要让杏仁片重叠。

（5）将烤盘放到烤箱中层，烤箱温度设置为上火150℃、下火150℃，烤制约10分钟。当时间剩最后3分钟时，可透过烤箱观察饼干状态，若颜色金黄，则可提前停火，不然容易烤过度，导致饼干颜色过深；若颜色很浅，则可以适当延长一点时间。

（6）将烤好的杏仁薄脆饼干拿出烤箱，待冷却后即可轻松脱模食用。

五、成品特点

酥脆可口，香味浓郁，营养丰富。

杏仁薄脆饼干制作小技巧

（1）用勺子背将面糊尽量摊薄一些（见图6–5）。不仅要薄，还要均匀，这样烤好的饼干才会上色均匀。

（2）不要用太薄的油纸来做烤盘垫纸，否则可能粘在烤好的饼干上撕不下来。推荐使用油布或厚油纸。也可以选择在饼干烤好后将油纸剪开，使饼干和油纸粘在一起，避免脱模的麻烦（见图6–6）。

（3）杏仁薄脆饼干因为比较薄、脆，所以特别容易受潮，一定要密封保存，吃不完的饼干可封装放入塑料罐储存。

（4）面糊静置非常有必要，一方面能够让面糊更加细腻，另一方面能够让杏仁片与面糊充分融合。

图6–5　用勺子背摊平面糊

图6–6　带有油纸的杏仁薄脆饼干

六、考核要点及评价

杏仁薄脆饼干制作评价表

类别	序号	评价项目	评价内容及要求	优秀	良好	合格	较差
技术考评	1	质量	熟悉杏仁薄脆饼干的制作工具和原料				
	2		掌握杏仁薄脆饼干的制作步骤				
	3		能够对杏仁薄脆饼干成品进行评价				
非技术考评	4	态度	态度端正				
	5	纪律	遵守纪律				
	6	协作	有交流，团队合作				
	7	文明	保持安静，清理场所				

1. 如何掌握面糊的稠度?

2. 为什么要将黄油融化使用?

任务三　朗姆葡萄酥制作

朗姆酒是以甘蔗糖蜜为原料生产的一种蒸馏酒，也被称为兰姆酒、蓝姆酒，原产地在古巴，口感甜润、芬芳馥郁。朗姆酒可以单独饮用，也可以与其他饮料混合制成好喝的鸡尾酒，在晚餐时作为开胃酒来喝。当然，用朗姆酒做饼干也是很不错的选择。

朗姆葡萄酥（见图6–7）就是使用朗姆酒制作而成的点心，再加上酸甜可口的葡萄干，成品香甜酥脆、酸甜可口，其中还带有朗姆酒的香气，是一种颇受人们欢迎的点心。

朗姆葡萄酥形状各异，有些为圆形，有些为方形，形状可依照制作者的喜好选择。

图6-7　朗姆葡萄酥

一、制作目的

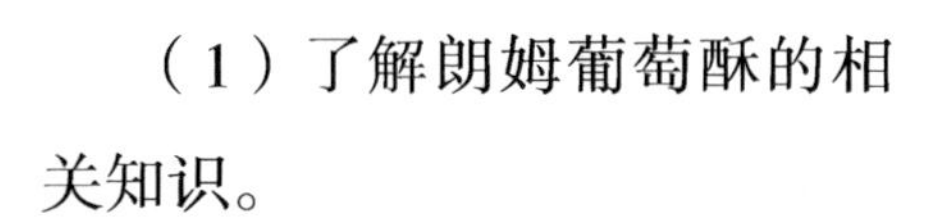

（1）了解朗姆葡萄酥的相关知识。

（2）熟悉朗姆葡萄酥的制作工具和原料。

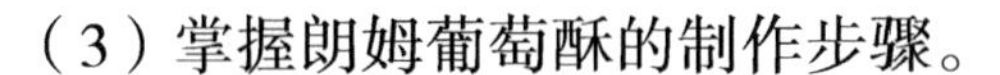

（3）掌握朗姆葡萄酥的制作步骤。

二、制作工具

盛放容器、打蛋器、筛网、刮刀、保鲜膜、烤盘、烤箱等。

三、制作原料

黄油175克，糖粉90克，蛋黄适量，低筋面粉250克，杏仁粉25克，泡打粉7.5克，葡萄干75克，朗姆酒25克。

四、制作步骤

（1）将葡萄干清洗干净，切成碎粒，放到碗中备用。向碗中加入朗姆酒，浸泡葡萄干碎粒为10分钟。

（2）将黄油在室温环境下软化，先加入糖粉用打蛋器打发，再加入蛋黄搅拌均匀。要想制作的朗姆葡萄酥口感酥脆，黄油打发很重要。

（3）将低筋面粉、泡打粉、杏仁粉混合过筛，加到黄油糊中，然后加入步骤（1）中的朗姆酒、葡萄干碎粒混合物，用刮刀以不规则方式将

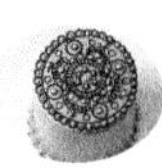

混合物搅拌均匀，形成面团。此过程不要搅拌太久，否则低筋面粉容易起筋，制作的饼干会不酥脆。

（4）用保鲜膜包住面团，放入冰箱松弛约30分钟。

（5）取出面团，将其分成每个约10克的小面团（应尽量使小面团的大小一致，以防烤制时上色不均匀）。

（6）预热烤箱，温度设置为上火180℃、下火180℃，烤制约20分钟，烤制完成后利用余温继续焖10分钟左右。焖制可以让饼干的质地更加酥脆。

五、成品特点

酸甜酥脆，口感细腻，带有朗姆酒和葡萄的香气。

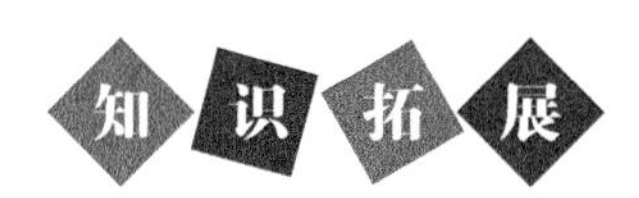

葡萄与提子是制作点心常用的原料，我们经常能够见到以葡萄和提子命名的点心，那么葡萄和提子有什么区别呢？

葡萄与提子实质上都是葡萄的果实。市场上通常将粒大、皮厚、汁少、皮肉难分离、耐储运的欧亚种葡萄称为提子，又根据色泽不同，称鲜红色的为红提，称紫黑色的为黑提，称黄绿色的为青提；将粒大、质软、汁多、易剥皮的果实称为葡萄。

那平时应该如何区分葡萄和提子呢？二者的不同都体现在哪些方面呢？

1.外形不同

虽说整体轮廓差不多，但如果仔细对比，还是能看出葡萄和提子在外观上的区别。葡萄的轮廓比较圆，整体更接近圆球状，颜色要暗一些，并且表皮上带有一层特有的白霜，这是新鲜葡萄的标志（见图6–8）。

图6–8　葡萄

和葡萄相比，提子的形状更接近椭圆形，表皮比较有光泽感（见图6–9）。此外，提子的果皮剥起来会比葡萄困难一些。

图6–9　提子

2. 口感不同

葡萄吃起来甜中带有些许酸涩味，特别是葡萄皮部分，会更酸涩，但是葡萄汁水较丰富，并且果肉比较软，咬一口满嘴都是葡萄汁。

提子吃起来甜度更高，几乎没有酸涩感，果肉的口感更偏向脆甜，但是汁水较葡萄少。

3. 干制品不同

葡萄干是葡萄晒成的干，一般用的是马奶子葡萄，颜色为青绿色，中间没有籽。

提子干是提子晒成的干，一般颜色较深，为红黑色，中间有籽。

六、考核要点及评价

朗姆葡萄酥制作评价表

类别	序号	评价项目	评价内容及要求	优秀	良好	合格	较差
技术考评	1	质量	熟悉朗姆葡萄酥的制作工具和原料				
	2		掌握朗姆葡萄酥制作步骤				
	3		能够对朗姆葡萄酥成品进行评价				
非技术考评	4	态度	态度端正				
	5	纪律	遵守纪律				
	6	协作	有交流，团队合作				
	7	文明	保持安静，清理场所				

1. 葡萄干是否可以换成提子干？为什么？

2. 在制作过程中，如何保证黄油糊的搅拌程度？

任务四　蔓越莓饼干制作

蔓越莓饼干（见图6–10）是常见的饼干之一，它以低筋面粉为主料，将蔓越莓干、奶粉、鸡蛋等加以混合制成，成品香气四溢。蔓越莓饼干富含维生素C，营养十分丰富。蔓越莓干与饼干的结合让蔓越莓饼干口感香甜，蔓越莓干的清香和饼干的香甜融合在一起，让人食欲大增。

图6–10　蔓越莓饼干

蔓越莓干酸酸甜甜，做成的饼干口感紧实、细腻、酥香，让人回味无穷，适宜作为零食等食用。

一、制作目的

（1）了解蔓越莓饼干的相关知识。

（2）熟悉蔓越莓饼干的制作工具和原料。

（3）掌握蔓越莓饼干的制作步骤。

二、制作工具

筛网、菜刀、U形模具、打蛋器、盛放容器、长柄软刮、保鲜膜等。

三、制作原料

黄油300克，蔓越莓干80克，鸡蛋50克，低筋面粉450克，糖粉150克，奶粉20克。

四、制作步骤

（1）将蔓越莓干切碎备用；黄油放在室温环境下软化备用，也可以用微波炉稍微加热至变软；鸡蛋打散备用。

（2）向软化好的黄油中加入糖粉，先低速搅拌，再中高速搅拌，搅拌至颜色发白即可；加入蛋液，搅打至黄油起发、膨胀，可以看到有很多小气泡即可。这样制作的蔓越莓饼干成品更加酥香。

（3）倒入蔓越莓干碎，充分搅拌均匀。

（4）先加入过筛后的低筋面粉，然后加入奶粉，当然奶粉也最好先过筛后加入，搅拌均匀，直至看不到干粉。

（5）将搅拌好的面糊取出，压入U形模具，压的时候一定要压紧实，防止里面有空气，将U形模具完全填满后，用保鲜膜将U形模具完全包裹起来，放入冷柜，冷冻约1小时后取出。用热毛巾敷在U形模具的外面，或者用火枪加热，取出生坯，去除两头，将生坯切成厚度约为0.5厘米的小块，均匀地摆放在烤盘中。切的时候速度要快，厚薄要均匀，否则生坯软化会影响饼干成型。

（6）将切好的生坯在烤盘摆好后，放入预热好的烤箱烘烤，温度设置为上火180℃、下火160℃，烤制15分钟左右，至饼干颜色金黄即可。

五、成品特点

口感微酸微甜，有嚼劲，充满浓郁的黄油香气，十分香脆。

知识拓展

图6-11　蔓越莓果实

蔓越莓又称蔓越橘，其花朵像鹤头和嘴，因此蔓越莓又称鹤莓。它的果实（见图6-11）是长2～5厘米的卵圆形浆果，在生长过程中由白色变为深红色，吃起来有重酸微甜的口感。蔓越莓主要生长在北半球凉爽地带的酸性泥炭土壤中，与康科特葡萄和蓝莓并称为北美传统三大水果。蔓越莓具有高水分、低热量、高纤维、多矿物质的特点，备受人们青睐。

六、考核要点及评价

蔓越莓饼干制作评价表

类别	序号	评价项目	评价内容及要求	优秀	良好	合格	较差
技术考评	1	质量	熟悉蔓越莓饼干的制作工具和原料				
	2		掌握蔓越莓饼干的制作步骤				
	3		能够对蔓越莓饼干成品进行评价				
非技术考评	4	态度	态度端正				
	5	纪律	遵守纪律				
	6	协作	有交流，团队合作				
	7	文明	保持安静，清理场所				

1. 在制作过程中为什么要将生坯放在冷柜中冷冻？

2. 蔓越莓饼干和朗姆葡萄酥有何区别？

任务五　红糖燕麦饼干制作

红糖燕麦饼干（见图6–12）是一种以低筋面粉、红糖及燕麦片为主材料制作而成的饼干，属于粗粮饼干，其中的燕麦片丰富了饼干的口感。食用红糖燕麦饼干能够在缓解饥饿的同时补充营养，这是老少皆宜的一款甜点。

图6–12　红糖燕麦饼干

一、制作目的

（1）了解红糖燕麦饼干的相关知识。

（2）熟悉红糖燕麦饼干的制作工具和原料。

（3）掌握红糖燕麦饼干的制作过程。

二、制作工具

盆、刮刀、一次性手套、吸油纸、烤盘、烤箱等。

三、制作原料

即食燕麦片100克，玉米油40克，低筋面粉60克，红糖15克，清水42克，奶粉10克，盐1克，黑芝麻15克。

四、制作步骤

（1）准备好所需要的食材，分别称好重量备用。

（2）准备一个干净的盆，保证盆里没有水渍，将称量好的即食燕麦片、低筋面粉、红糖、奶粉、盐和黑芝麻全部倒到盆中。

（3）混合盆中所有的食材，用刮刀翻拌均匀。

（4）往混合好的食材中加入适量的玉米油和清水，先用刮刀搅拌均匀，再戴上一次性手套将所有食材揉成面团，面团应稍微有点黏，但是不湿。若面团较干，则再次加入适量清水；若面团较湿，则加入适量低筋面粉。

（5）将面团平均分成9小份，每份30克左右，面团的大小可以根据自己的喜好进行调整，面团分好后先搓成圆团，再将面团按成饼干状。如果备有吸油纸，则最好在烤盘上铺一层吸油纸。

（6）预热烤箱，将装有饼干坯的烤盘放到烤箱中层，温度设置为上火170℃、下火170℃，烤制约20分钟。当然，饼干厚度不一样，烤制的时间也不一样，建议根据常用烤箱灵活调整温度和时间。

五、成品特点

香气丰富，带有粗粮特有的香味，口感酥香。

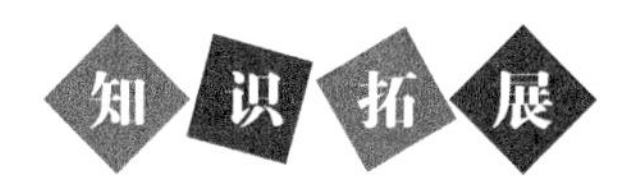

燕麦片（见图6–13）是由燕麦粒轧制而成的，呈扁平状。

图6–13　燕麦片

（1）在挑选燕麦片时，最好挑选纯燕麦片，不宜挑选含糖量过高的，否则会失去燕麦片本身的营养价值。太过香甜的燕麦片通常加入了香精。

（2）在选择燕麦片时，最好是选择可以看得到形态的，有些燕麦片的形态是较为零碎的，并且表面有些粗糙，这类不宜选购。如果看不到燕麦片的形态，则要留意包装上的蛋白质含量，一般超过8%的不宜作为早餐单独食用，需要搭配牛奶或者酸奶。

（3）燕麦片不要放在高温的地方保存，为了避免营养成分流失，一定要密封保存，也可以在密封后放入冰箱保存。

六、考核要点及评价

红糖燕麦饼干制作评价表

类别	序号	评价项目	评价内容及要求	优秀	良好	合格	较差
技术考评	1	质量	熟悉红糖燕麦饼干的制作工具和原料				
	2		掌握红糖燕麦饼干的制作步骤				
	3		能够对红糖燕麦饼干成品进行评价				
非技术考评	4	态度	态度端正				
	5	纪律	遵守纪律				
	6	协作	有交流，团队合作				
	7	文明	保持安静，清理场所				

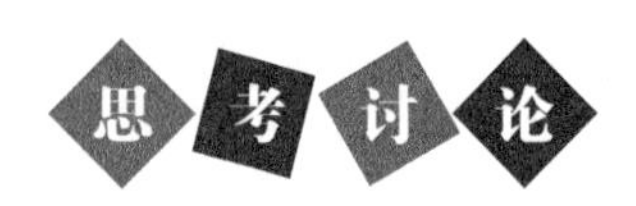

1. 红糖是否放得越多越好？为什么？
2. 为什么要选择即食燕麦片？

任务六　可可杏仁饼干制作

可可杏仁饼干是以低筋面粉、可可粉及杏仁片为主料制作而成的。可可粉混合低筋面粉所形成的棕色加上杏仁片的乳白色构成了这款甜点的独特外形（见图6–14）。可可杏仁饼干适宜作为下午茶食用。

图6–14　可可杏仁饼干

可可杏仁饼干外形美观，色彩独特，浓郁的可可味夹杂着杏仁片的酥香味，口感层次分明，百吃不厌。

一、制作目的

（1）了解可可杏仁饼干的相关知识。

（2）熟悉可可杏仁饼干的制作工具和原料。

（3）掌握可可杏仁饼干的制作步骤。

二、制作工具

容器、刮刀、电动打蛋器、筛网、U形模具、保鲜膜、烤盘、烤箱等。

三、制作原料

黄油80克，糖粉45克，常温全蛋液15克，低筋面粉110克，可可粉10克，杏仁片30克。

四、制作步骤

（1）准备原料，将黄油提前切成小块，软化到能轻易用刮刀抹开的程度。

（2）向软化好的黄油中加入糖粉，用刮刀混合拌匀，防止打发时糖粉飞溅。

（3）使用电动打蛋器中速打发黄油，至颜色变浅发白、体积明显膨大。分3次加入常温全蛋液，每次搅打完全混合后再加入下一次的全蛋液，直到全蛋液全部加完。使用常温全蛋液的作用是防止温差过大导致黄油糊油水分离。

（4）搅打好的顺滑、膨胀的黄油糊见图6–15。

图6–15　搅打好的黄油糊

（5）将低筋面粉与可可粉混合均匀，再用筛网将混合均匀的低筋面粉与可可粉筛入黄油糊中。

（6）用切拌、往盆边按压的方法将上述材料拌匀至没有干粉颗粒状态，然后向盆中倒入杏仁片并拌匀。

（7）在U形模具中垫一层保鲜膜，倒入拌好的饼干糊，整型成长方形（见图6–16），用保鲜膜裹好放入冰箱冷冻约1小时。

（8）将烤箱预热，从冰箱中取出定型好的饼干坯，切成约0.6厘米厚的均匀薄片。烤盘上垫油纸，将饼干坯均匀排列好，然后放入预热好的烤箱中层偏下位置，温度设置为上火150℃、下火150℃，烤制约30分钟。

图6–16　将饼干糊倒入U形模具

（9）烤制好后取出烤盘，晾凉后即可食用。若剩下一部分，则密封打包，常温保存。

五、成品特点

口感酥脆，香味浓郁，带有可可和杏仁的香气，吃起来香甜、有嚼劲。

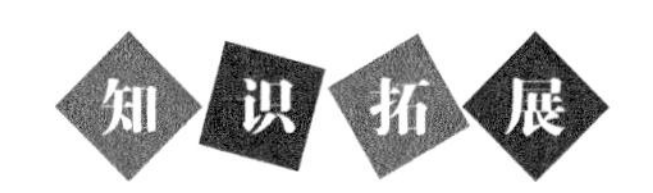

可可杏仁饼干小知识

1. 关于可可粉

可可粉（见图6–17）是由可可豆研磨而成的，主要成分是淀粉、可可脂等。可可粉的特点是吸水率比低筋面粉高，有一定的延展性，香味非常浓郁，因此将可可粉加入饼干面团中，可以使饼干同时具有坚果芳香与可可香味，这两种融洽的风味能让味蕾有更加奇妙的体验。

图6–17　可可粉

2. 关于原料的混合方法

在可可杏仁饼干的原料中，细小的粉类可以加到打发好的黄油中搅拌，而大颗粒的杏仁片则可以在粉类即将混合完成后加入。

总之要充分混合均匀，随后将其填入模具，尽可能地压实，这样切出来的饼干面团才整齐好看。

3.关于饼干出烤箱后的一系列处理

烘烤后的饼干不宜直接放在烤盘上冷却，因为这样的话饼干底部的水汽不易散发出去，会导致饼干口感不够酥脆。为了让饼干内部的水分更好地散发出去，可以放在晾网上冷却。饼干完全冷却后要尽快密封保存，以免吸收空气中的湿气而变软。

六、考核要点及评价

可可杏仁饼干制作评价表

类别	序号	评价项目	评价内容及要求	优秀	良好	合格	较差
技术考评	1	质量	熟悉可可杏仁饼干的制作工具和原料				
	2		掌握可可杏仁饼干的制作步骤				
	3		能够对可可杏仁饼干成品进行评价				
非技术考评	4	态度	态度端正				
	5	纪律	遵守纪律				
	6	协作	有交流，团队合作				
	7	文明	保持安静，清理场所				

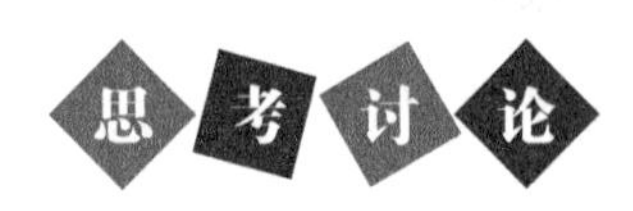

1.如何使杏仁片在饼干中分布均匀？

2.如何才能搅打出顺滑膨胀的黄油糊？

任务七　棋格饼干制作

棋格饼干（见图6–18）是由黄油、糖粉、鸡蛋等原料制作而成的饼干，在制作过程中用巧克力面团与普通面团做成棋格状的图案，外形美观，口味香甜，深受人们的喜爱。

图6–18　棋格饼干

棋格饼干黑白相间、错落有致的格子让人眼前一亮，黑白两色的巧妙拼接，仿佛能够弹奏音符的钢琴键盘。食用棋格饼干能品尝到双重口味，其口感较普通饼干更丰富。

一、制作目的

（1）了解棋格饼干的相关知识。

（2）熟悉棋格饼干的制作工具和原料。

（3）掌握棋格饼干的制作步骤。

二、制作工具

盆、电动打蛋器、筛网、保鲜膜、保鲜袋、蛋液刷、烤盘、烤箱等。

三、制作原料

黄油240克，蛋液80克，糖粉120克，低筋面粉360克，可可粉10克，玉米淀粉适量。

四、制作步骤

（1）准备原料。将黄油放在室温环境下软化，随后加入糖粉，搅拌均匀，用电动打蛋器打发。

（2）分3次加入蛋液，每次在完全搅拌均匀后才可再次加入，避免水油分离，打发至颜色变浅、呈膏状。

（3）将打发好的黄油糊等分成两份，分别放在两个盆中。

（4）向一个盆里筛入180克低筋面粉，向另一个盆里筛入180克低筋面粉和可可粉，如果怕可可粉的味道太苦，可适量再加入一些糖粉。

（5）将两个盆中的低筋面粉等和黄油糊搅拌均匀，至无干粉状态，然后拿出来整型，揉成面团（见图6–19）。将两个无干粉的面团装入保鲜袋放入冰箱冷藏约10分钟。

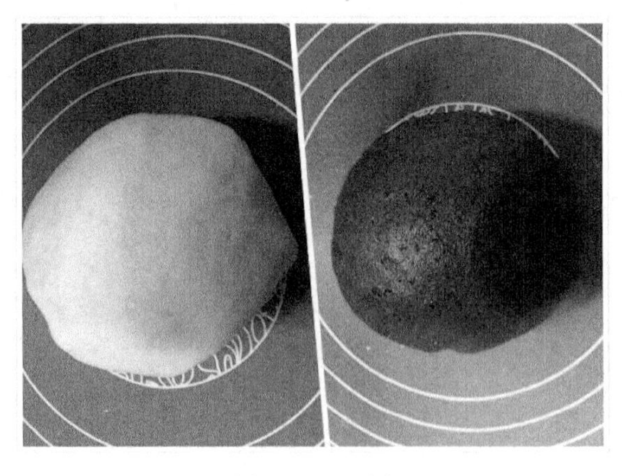

图6–19　面团

（6）从冰箱中取出面团，在两种面团上下铺好保鲜膜，用擀面杖将其擀成椭圆形面片，厚度约为1厘米（见图6–20）。

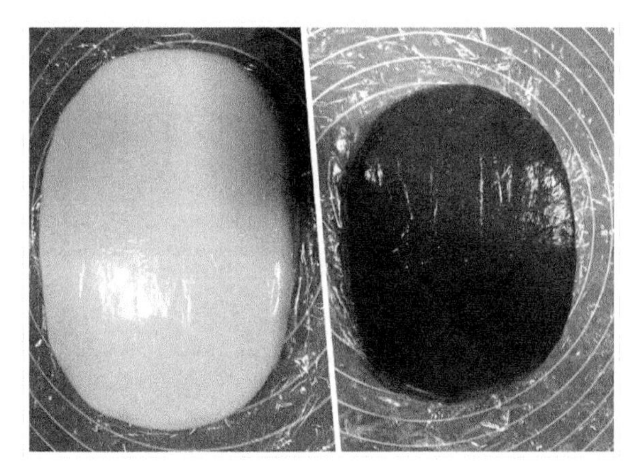

图6-20　面片

（7）在可可面团表面刷一层蛋液做黏合剂，把原味面团覆盖到上面，使两者紧密贴合，然后包裹上保鲜膜，放入冰箱冷冻约半小时。

（8）面团冻硬后取出，切成约1厘米宽的长条，切面向上，在切口处刷一层蛋液做黏合剂，将另一条覆盖上去，组成交错的棋格模样(见图6-21)。此步骤须注意方向，拼接的时候一定要交互式粘贴。

图6-21　组成交错的棋格

（9）将拼接好的长条面团包裹上保鲜膜，放入冰箱冷冻约1小时，取出后切成约0.4厘米厚的薄片。

（10）将切好的饼干坯摆入烤盘，放入预热好的烤箱中层，温度设置为上火175℃、下火175℃，烤制15~18分钟，至表面微微上色，根据饼干的厚度适量增减时间。

五、成品特点

外形美观，黑白相间，带有可可的香气，口感酥脆，有嚼劲。

浅谈黄油

黄油（见图6–22）是烘焙中必不可少的一种原料，简简单单的黄油有着浓郁的香味，经过烘焙，制品的黄油香味更加丰富。

图6–22　黄油

黄油的英文为“butter”，它是从牛奶中提炼出来的油脂，所以有些地方又把它叫作“牛油”，或者动物性黄油。黄油中大约含有80%的脂肪，剩下的是水及其他牛奶成分，带有天然的乳香（在逐渐融化的状态下，可以闻到淡淡的乳香；在冷冻和较硬的状态下，不容易闻到味道，只有逐渐软化后，才会有味道挥发出来）。

黄油在冷藏状态下是比较坚硬的固体，而在28℃环境中放置一段时间就会变软，这个时候，可以通过搅打使其裹入空气，体积膨大，这个过程俗称“打发”。在34℃以上，黄油会融化成液态。

六、考核要点及评价

棋格饼干制作评价表

类别	序号	评价项目	评价内容及要求	优秀	良好	合格	较差
技术考评	1	质量	熟悉棋格饼干的制作工具和原料				
	2		掌握棋格饼干的制作步骤				
	3		能够对棋格饼干成品进行评价				
非技术考评	4	态度	态度端正				
	5	纪律	遵守纪律				
	6	协作	有交流，团队合作				
	7	文明	保持安静，清理场所				

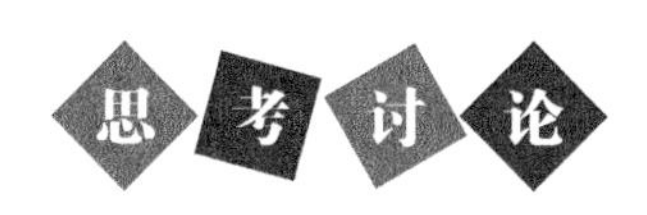

1.在制作过程中多次将面团放入冰箱，分别起到什么作用？

2.除黑白的棋格饼干外，你还能想到哪些搭配？

任务八　圣诞饼干制作

圣诞饼干（见图6–23）是用黄油饼干或者姜饼做成的圣诞造型的饼干。在圣诞节来临之前，可以准备好圣诞元素的饼干模具，然后和家庭成员一起用糖霜、奶油等装饰、点缀这些饼干，在享受家人团聚乐趣的同时也营造了节日的欢乐氛围。

图6–23　圣诞饼干

圣诞饼干外形美观，口感香甜，深受小朋友喜爱。

一、制作目的

（1）了解圣诞饼干的相关知识。

（2）熟悉圣诞饼干的制作工具和原料。

（3）掌握圣诞饼干的制作步骤。

二、制作工具

盆、刮刀、电动打蛋器、一次性防黏手套、保鲜袋、油纸、擀面杖、圣诞饼干模具、烤盘、烤箱、锡纸等。

三、制作原料

低筋面粉415克，无盐黄油210克，糖粉110克，鸡蛋液75克，青汁粉5克，可可粉3克，红丝绒液3滴。

四、制作步骤

（1）将软化的无盐黄油和糖粉倒入盆中，用刮刀翻拌均匀。糖粉不

要用细砂糖替代，因为细砂糖会让饼干表面凹凸不平，同时也不容易化开，吃起来容易有颗粒感。

（2）把鸡蛋液分3～4次加到翻拌好的黄油等中，每加入一次都要用电动打蛋器中速彻底搅拌均匀，然后才可以加入下一次。另外，鸡蛋液一定要是室温的，如果刚从冰箱冷藏室拿出来就直接用，则会造成油水分离。黄油糊不要过度打发，只要将鸡蛋液和黄油等混合均匀就可以停止搅打了，过度打发会导致黄油中充入的空气过多，导致饼干在烘烤的时候膨胀变形。

（3）把低筋面粉倒入黄油糊中。

（4）戴上一次性防黏手套，揉至看不见干粉状。

（5）将揉好的面团均匀地分成3等份，然后分别加入红丝绒液、可可粉和青汁粉混匀。混合好后装入保鲜袋系紧，在室温环境下松弛约15分钟。

（6）取一个松弛好的红色面团，将它夹在两张油纸中间，用擀面杖擀成厚约0.3厘米的片状，擀好后放入冰箱冷藏约半小时。之所以送去冰箱冷藏，是为了压模的时候图案可以更清晰，并且好移动，经过冷藏的面团烘烤出来后的饼干图案也会更立体、明显。剩下的两个颜色的面团也同样操作。

（7）先取出一个颜色的面片，用圣诞元素的饼干模具压出形状来，再移到透气烤垫上。在按压的时候，如果饼干模具有点黏，则可以稍微抹点面粉。

（8）预热烤箱，将烤盘放入预热好的烤箱中层，温度设置为上火155℃、下火155℃，烤制约5分钟，随后将温度转为130℃，烘烤约13分钟，中途需要加盖锡纸，防止饼干表面上色。

（9）剩下的两个面团也同样操作。

（10）饼干在刚出烤箱时有点软，这是因为热气还没散去，等完全晾凉后，才会有酥脆的口感，如果烤好的饼干在出烤箱的时候表面有小气

泡，则可以用刀背趁热在饼干表面压一下，这样饼干会变得更平整，压的时候力气不要太大，轻压即可。

五、成品特点

饼干平整不变形，香味浓郁，口感细腻。

圣诞节经典甜点

1. 姜饼屋

每到圣诞节，在烘焙店的橱窗里最惹人注目的就是极具“乐高风”的姜饼屋了（见图6–24）。姜饼屋是由一个个大小不一的饼干及带有颜色的糖霜制成的。除了做成姜饼屋，还可以在烤制好的人形饼干上用糖霜笔随意DIY（自己动手制作）姜饼人。姜饼屋要比曲奇硬一些，咀嚼起来带有一点点辛辣的姜味，是冬季暖身的食品。

图6–24　姜饼屋

2. 圣诞帽草莓纸杯蛋糕

圣诞帽草莓纸杯蛋糕是假日聚会极受欢迎的甜点。这种甜点

使用蛋糕粉和糖霜等制作而成。在每个草莓纸杯蛋糕上放上丰满多汁的浆果和一些额外的糖霜，看起来像圣诞老人帽子（见图6–25）。

图6–25　圣诞帽草莓纸杯蛋糕

3. 树根蛋糕

树根蛋糕又被称为“劈柴蛋糕”，圣诞节是一年中极寒冷的时候，人们要把一堆堆木柴加入壁炉，营造温暖，而在圣诞节将做成树根模样的蛋糕送给朋友或亲人，就等于给他们送去一份温暖。

树根蛋糕主体是巧克力海绵蛋糕卷，铺有各式的坚果和巧克力，夹心为咖啡奶油和新鲜水果等，表面则用甘纳许等做出树根纹路效果（见图6–26）。

图6–26　树根蛋糕

六、考核要点及评价

圣诞饼干制作评价表

类别	序号	评价项目	评价内容及要求	优秀	良好	合格	较差
技术考评	1	质量	熟悉圣诞饼干的制作工具和原料				
	2		掌握圣诞饼干的制作步骤				
	3		能够对圣诞饼干成品进行评价				
非技术考评	4	态度	态度端正				
	5	纪律	遵守纪律				
	6	协作	有交流，团队合作				
	7	文明	保持安静，清理场所				

1. 如何掌握圣诞饼干的烘烤温度？

2. 如何掌握制作圣诞饼干的黄油打发程度？

任务九　罗马盾牌饼干制作

罗马盾牌饼干（见图6–27）外形像一块块盾牌，有着漂亮的花边和酥脆的馅心，口感香香脆脆，加上杏仁片的香味，口齿留香，让人回味无穷。

图6–27　罗马盾牌饼干

罗马盾牌饼干因形状像盾牌而得名，其制作原料包括黄油、低筋面

粉、杏仁片等，成品口感酥脆、清甜微香，脆脆的饼干圈、香香的杏仁片、甜甜的麦芽糖等融为一体，带给食用者非同一般的味觉体验。这款甜点的制作十分考验技艺，需要制作者具有十足的耐心。品尝时，应慢慢体会饼干在口中破碎后融化的奇妙感觉。

一、制作目的

（1）了解罗马盾牌饼干的相关知识。

（2）熟悉罗马盾牌饼干的制作工具和原料。

（3）掌握罗马盾牌饼干的制作步骤。

二、制作工具

盆、电磁炉、裱花袋、裱花嘴、刮刀、电动打蛋器、烤盘、烤箱等。

三、制作原料

饼干圈原料：黄油60克，糖粉25克，高筋面粉35克，低筋面粉45克，蛋清15克。

馅心原料：黄油15克，麦芽糖15克，糖粉5克，杏仁片20克。

四、制作步骤

罗马盾牌饼干的制作包含饼干圈的制作和馅心制作，制作之前先下火150℃、上火180℃预热烤箱。

（1）饼干圈的制作过程：

①将蛋黄、蛋清分开，留取蛋清备用。

②对软化好的黄油和糖粉进行打发。先手动混合软化好的黄油和糖粉，再用电动打蛋器打发，否则糖粉容易飞溅。首次加入蛋清，直至全部融合。打发时顺时针朝一个方向进行，打发到黄油的颜色发白即可。

③继续分次加入蛋清，用电动打蛋器搅打至绵软的起发状态。

④向盆中加入低筋面粉和高筋面粉，用翻拌的手法翻拌均匀，翻拌到没有干粉即可，时间不能太长。

⑤将裱花袋和裱花嘴安装好，把面糊装入裱花袋中。

⑥饼干圈的形状可以依个人喜好制作，大小适中即可。

（2）馅心的制作过程：

①用电磁炉加热黄油至液态，然后加入麦芽糖，煮开。

②关火加入糖粉，用刮刀搅拌均匀，随后加入杏仁片，再次搅拌均匀即可。

③将馅心填入饼干圈，填入2/3的空隙即可。

④放入烤箱烘烤约12分钟。

⑤烘烤结束时馅心有余温，带有软软的、黏手的感觉，一定要等到其凉透。

五、成品特点

口感酥脆，清甜微香，外形独特、美观。

罗马盾牌饼干小知识

（1）罗马盾牌饼干的馅心用到了麦芽糖而不是白砂糖。两者相较而言，麦芽糖做出来的成品味道比较甜，香味比较浓，看起来有一层淡黄色的光泽（见图6–28），吃起来有一种顺滑的口感。

图6-28　淡黄色的馅心

（2）传统的麦芽糖是由谷物发酵而成的一种糖原类美食（见图6-29）。

（3）罗马盾牌饼干制作过程中，要先制作饼干圈，再制作馅心，内馅不要填得太满，因为烤制的时候馅心会膨胀（见图6-30），如果填得太满的话，则馅心会漏出来。

图6-29　麦芽糖

图6-30　烤制时的馅心

（4）在制作时应防止面糊变硬，否则很难挤成椭圆形的饼干圈。另外，饼干圈接口处一定要严实，否则一烤就会裂开。

（5）馅心应尽量现作现用，如果不能及时使用，则要注意保温，防止凝固。

六、考核要点及评价

罗马盾牌饼干制作评价表

类别	序号	评价项目	评价内容及要求	优秀	良好	合格	较差
技术考评	1	质量	熟悉罗马盾牌饼干的制作工具和原料				
	2		掌握罗马盾牌饼干的制作步骤				
	3		能够对罗马盾牌饼干成品进行评价				
非技术考评	4	态度	态度端正				
	5	纪律	遵守纪律				
	6	协作	有交流，团队合作				
	7	文明	保持安静，清理场所				

1. 如何掌握罗马盾牌饼干的烘烤温度？
2. 如何保证罗马盾牌饼干饼干圈和馅心完美贴合？

参考文献

［1］陈洪华，李祥睿.西点制作教程［M］.北京：中国轻工业出版社，2012.

［2］王森.蛋糕制作大全［M］.北京：中国纺织出版社，2013.

［3］马涛.饼干加工技术与实用配方［M］.北京：化学工业出版社，2014.